新起点电脑教程

电脑入门基础教程
(Windows 11+Office 2021 版)(微课版)

文杰书院　编著

清华大学出版社
北　京

内 容 简 介

本书通过通俗易懂的语言、翔实生动的操作案例、精挑细选的使用技巧引导初学者深入学习，快速掌握电脑操作技巧，提高电脑实践操作能力。全书共 16 章，主要内容包括从零开始认识电脑、熟悉键盘与鼠标操作、揭开 Windows 11 的神秘面纱、管理电脑文件和文件夹、设置个性化的操作环境、管理与应用电脑中的软件、轻松学习电脑打字、用 Word 2021 输入与编写文档、制作图文并茂的文档、Excel 2021 电子表格基础操作、数据计算与数据分析、PowerPoint 2021 幻灯片的设计与制作、上网浏览与搜索信息、网上社交和通信、多媒体娱乐与常用工具软件以及系统维护与安全应用等方面的知识、技巧和应用案例。

本书面向学习电脑的初、中级用户，适合无基础又想快速掌握电脑入门操作方法的读者，以及适合广大电脑爱好者和各行各业的从业人员作为自学手册使用，还可作为社会培训机构、高等院校相关专业的教学配套教材或者学习辅导书。

图书在版编目(CIP)数据

电脑入门基础教程：Windows 11+Office 2021 版：微课版/文杰书院编著. —北京：清华大学出版社，2023.6

新起点电脑教程

ISBN 978-7-302-63549-9

Ⅰ. ①电… Ⅱ. ①文… Ⅲ. ①Windows 操作系统－教材 ②办公室自动化－应用软件－教材 Ⅳ. ①TP316.7 ②TP317.1

中国国家版本馆 CIP 数据核字(2023)第 087765 号

责任编辑：魏　莹
封面设计：李　坤
责任校对：李玉茹
责任印制：朱雨萌

出版发行：清华大学出版社

网　　　址：http://www.tup.com.cn, http://www.wqbook.com
地　　　址：北京清华大学学研大厦 A 座　　　邮　　编：100084
社 总 机：010-83470000　　　邮　　购：010-62786544
投稿与读者服务：010-62776969, c-service@tup.tsinghua.edu.cn
质量反馈：010-62772015, zhiliang@tup.tsinghua.edu.cn

印 装 者：北京鑫海金澳胶印有限公司
经　　销：全国新华书店
开　　本：185mm×260mm　　　印　张：19　　　字　数：462 千字
版　　次：2023 年 6 月第 1 版　　　印　次：2023 年 6 月第 1 次印刷
定　　价：69.80 元

产品编号：099485-01

前　言

在信息技术飞速发展的今天，电脑已经成为人们日常工作、学习和生活中必不可少的工具之一，而电脑的操作水平也成为衡量一个人综合素质的重要标准之一。为了帮助读者快速提升电脑的应用水平，本书以满足读者全面学习电脑知识为目的，帮助电脑初学者快速了解和应用电脑，以便在日常的学习和工作中学以致用。

阅读本书能学到什么

本书在编写过程中，根据电脑初学者的学习规律，采用由浅入深、由易到难的方式进行讲解，全书结构清晰，内容丰富，主要包括以下 6 个方面。

1. 了解电脑硬件

第 1～2 章介绍了电脑的分类、电脑的组成、连接电脑设备、使用键盘、认识与使用鼠标等知识。

2. 电脑软件的基本操作

第 3～7 章介绍了 Windows 11 基础操作、管理电脑中的文件、设置个性化的操作环境、管理与应用电脑中的软件、电脑打字等知识。

3. 使用 Office 2021 办公软件组合

第 8～12 章介绍了 Word 2021、Excel 2021 和 PowerPoint 2021 的使用方法，帮助读者快速掌握使用 Office 2021 办公软件的相关知识。

4. 上网冲浪与聊天

第 13～14 章介绍了上网浏览信息与购物的方法，还讲解了网上社交与通信的相关知识。

5. 多媒体娱乐与常用工具软件

第 15 章介绍了上网听歌、看视频的方法，还介绍了使用 ACDSee 看图软件编辑图片的相关知识。

6. 系统维护与安全

第 16 章介绍了电脑维护与优化方面的知识，包括系统维护与硬盘优化以及 360 安全卫士的使用等相关知识与操作方法。

丰富的配套学习资源和获取方式

为帮助读者高效、快捷地学习本书的知识点，我们不但为读者准备了有关的配套素材文件，而且设计并制作了精品短视频教学课程，同时还为教师准备了 PPT 课件资源，读者均可以免费获取。

(一)配套学习资源

1. 同步视频教学课程

本书所有知识点均提供同步配套视频教学课程，读者可以通过扫描书中的二维码在线观看，也可以将视频课程下载保存到手机或者电脑中离线观看。

2. 配套学习素材

本书提供了每个章节实例的配套素材文件，如果读者想获取本书全部配套学习素材，可以通过"读者服务"文件获取下载方式。

3. 同步配套 PPT 教学课件

教师购买本书，我们提供了与本书配套的 PPT 教学课件，同时我们还为各位老师提供了课程教学大纲与执行进度表。

4. 附录 A 综合上机实训

对于选购本书的教师或培训机构，本书为读者准备了 5 套综合上机实训案例，可以通过本书提供的综合上机实训巩固和提高实践动手能力。

5. 附录 B 知识与能力综合测试题

为了巩固和提高读者的学习效果，本书还提供了 3 套知识与能力综合测试题，便于教师、学生和其他读者检验学习效果。

6. 附录 C 课后习题和测试题答案

本书提供了相关的课后习题、知识与能力综合测试题答案，便于读者对照检测学习效果。

(二)获取配套学习资源的方式

读者在学习本书的过程中，可以使用手机浏览器、QQ 或者微信的"扫一扫"功能，扫描右边的二维码，下载文件"读者服务"，获得与本书有关的技术支持服务信息和全部配套学习素材资源。

读者服务

本书由文杰书院编写。我们真切希望读者在阅读本书之后，可以开阔视野，提高实践操作技能，并从中学习和总结操作的经验与规律，达到灵活运用软件的目的。

鉴于编者水平有限，书中纰漏和考虑不周之处在所难免，欢迎读者批评、指正，以便我们日后能为您编写更好的图书。

编 者

目　录

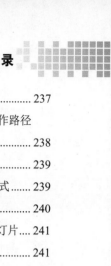

新起点

电脑教程

第1章

从零开始认识电脑

本章要点

- 电脑的分类
- 电脑的组成

本章主要内容

　　本章主要介绍电脑的分类和组成方面的知识与技巧，同时讲解如何开机、关机和重启电脑，在本章的最后还针对实际的工作需求，讲解连接显示器、连接鼠标和键盘、连接电源与连接打印机的方法。通过本章的学习，读者可以掌握电脑应用的基础知识，为深入学习 Windows 11 和 Office 2021 知识奠定基础。

1.1 电脑的分类

电脑可以分为台式电脑、笔记本电脑、平板电脑等，随着科技的不断进步，还衍生出智能手机、智能可穿戴设备、智能家居以及 VR(virtual reality)设备等其他智能设备(intelligent device)。智能设备是指任何一种具有计算处理能力的设备、器械或者机器，本节将分别予以介绍。

1.1.1 台式机

台式机又称为台式电脑，一般包括电脑主机、显示器、鼠标和键盘，还可以连接打印机、扫描仪、音箱和摄像头等外部设备，如图 1-1 所示。

台式电脑是一种各部件相互独立的计算机，相对笔记本电脑来说体积较大，主机、显示器等设备都是相对独立的，一般需要放置在电脑桌或者专门的工作台上，因此将其命名为台式机。台式电脑的优点是耐用、价格实惠，和笔记本电脑相比，相同价格前提下配置较高，散热性较好，配件若损坏，其更换价格相对便宜；缺点是笨重、耗电量大。

1.1.2 笔记本电脑

笔记本电脑又称手提式电脑，体积小，方便带，而且还可以利用电池在没有连接外部电源的情况下使用，如图 1-2 所示。

图 1-1

图 1-2

1.1.3 平板电脑

随着科学技术的不断进步和发展，微软公司提出了一类新概念电子产品。这种电子产品是一种功能齐全的个人电脑，它无须翻盖，又没有键盘，而且还特别小巧，这就是平板电脑。平板电脑的触摸屏允许用户通过触控笔、数字笔或手指来进行操作，而非传统的键盘或鼠标，如图 1-3 所示。

1.1.4　智能手机

智能手机(smartphone)简单来说就是具有开放独立的操作系统，除了具备手机的通话功能外，还可以由用户自行安装软件、游戏等，如图 1-4 所示。

图 1-3　　　　　　　　　　　　　　　图 1-4

智能手机的特点：具备无线接入互联网的能力，具有 PDA(个人数字助理)功能，具有开放性的操作系统，人性化、功能强大且运行速度快。

1.1.5　智能穿戴设备

智能穿戴设备是应用穿戴式技术对日常穿戴进行智能化设计，开发出可以穿戴的设备的总称。智能穿戴设备包括智能手表、智能戒指、智能运动鞋等，它们就是我们平时经常用到的物品，现在不仅增加了新的功能，而且具备了更炫酷的外形。智能穿戴设备最大的优点在于可以收集外部环境和佩戴者自身的数据，经过分析和处理反馈给佩戴者，通过这些信息可以更好地了解外部环境和自己的身体健康状况，并能及时做出相应的解决方案，如图 1-5 所示。

图 1-5

智能穿戴设备代表产品包括 iWatch 苹果智能手表、FashionCommA1 智能手表、小米智能手环、谷歌眼镜、BrainLink 智能头箍、鼓点 T 恤 Electronic Drum Machine T-shirt、社交牛仔裤 Social Denim、卫星导航鞋以及可佩戴式多点触控投影机等。

1.1.6 智能家居

智能家居也称智能住宅，是以住宅为平台，兼具建筑、网络通信、信息家电、设备自动化等多种功能，集系统、结构、服务、管理为一体的高效、舒适、安全、便利、环保的居住环境，如图 1-6 所示。与普通家居相比，智能家居不仅具有传统的居住功能，还由原来的被动静止结构转变为具有能动智慧的工具，从而能够提供全方位的信息交换功能。

图 1-6

1.1.7 VR 设备

VR 设备又称虚拟现实设备。虚拟现实技术是一种可以创建和体验虚拟世界的计算机仿真系统，它利用计算机生成一种模拟环境，是一种多源信息融合的、交互式的三维动态视景和实体行为的系统仿真，可以使用户沉浸到该环境中，如图 1-7 所示。

图 1-7

1.2　电脑的组成

电脑是一种能自动、高速地完成数值计算、数据处理、实时控制等任务的电子设备，随着信息技术的飞速发展，电脑日益融入人们的日常生活、学习和工作中。本节将为大家揭开电脑的神秘面纱，下面主要介绍电脑的外观、主机的组成等相关知识。

1.2.1　电脑的外观

电脑的外观设备是指电脑的硬件系统，如显示器、主机、键盘和鼠标等，了解它们的作用可以方便用户对电脑进行维修和保养。

1. 显示器

显示器也称监视器，用于显示电脑中的数据和图片等，是电脑中重要的输出设备之一，如图 1-8 所示。

2. 主机

主机是电脑的一个重要组成部分，电脑中的所有资料都存放在主机中。机箱是主机内部部件的保护壳，外部留有常用的一些接口，如电源开关、指示灯、USB(universal serial bus，通用串行总线)接口、电源接口、鼠标接口、键盘接口、耳机插口和麦克风插口等，如图 1-9 所示。

图 1-8

图 1-9

3. 键盘和鼠标

键盘是电脑重要的输入设备之一，用于将文本、数据和特殊字符等资料输入到电脑中。键盘中的按键数量一般为 101~110 个，其通过 USB 接口与主机相连。

鼠标又称鼠标器，是电脑重要的输入设备之一，用于将指令输入到主机中。目前，比较常用的鼠标为三键光电鼠标。图 1-10 所示为常用的键盘和鼠标。

图 1-10

4. 音箱

音箱是电脑主要的声音输出设备，常见的音箱为组合式音箱。组合式音箱的特点是价格便宜，适合普通人群购买，而且使用方便，一般连接在电脑上就可以直接使用。随着科技的不断发展，组合音箱的音质也得到了很大提升，如图 1-11 所示。

图 1-11

5. 摄像头

摄像头是一种电脑视频输入设备，用户可以使用摄像头进行视频聊天、视频会议等交流活动，同时可以通过摄像头进行视频监控等工作，如图 1-12 所示。

图 1-12

1.2.2　电脑主机里面有什么

电脑主机内安装着电脑的主要部件，如电源、主板、CPU(central processing unit，中央处理器)、内存条、硬盘、光驱、声卡和显卡等，如图 1-13 所示。

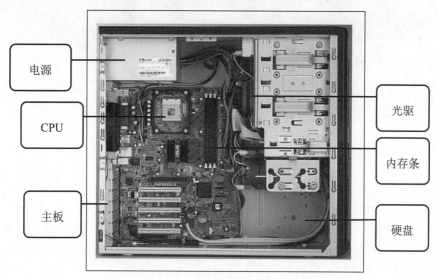

图 1-13

1. CPU

CPU 是电脑的核心，主要用于运行与计算电脑中的所有数据，由运算器、控制器、寄存器组、内部总线和系统总线组成。

2. 主板和硬盘

电脑机箱主板又称主机板、系统板或母板，是安装在主机中的最大的一块电路板，上面安装了组成计算机的主要电路系统。电脑中的其他硬件设备都安装在主板上，通过主板上的线路可以协调电脑中各个部件的工作，如 CPU、内存和显卡等。主板如图 1-14 所示。

硬盘是电脑中主要的存储部件，由一个或者多个铝制或者玻璃制的碟片组成，碟片外覆盖有铁磁性材料。硬盘通常用于存放永久性的数据和程序，是电脑中的固定存储器，具有容量大、可靠性高、断电后存储的数据也不会丢失等特点。硬盘由磁头、磁道、扇区和柱面等组成，如图 1-15 所示。

3. 内存

内存又称内存储器，是计算机中重要的部件之一，它是与 CPU 进行沟通的桥梁。内存用于暂时存放 CPU 中的运算数据，以及与硬盘等外部存储器交换数据。只要计算机在运行中，CPU 就会把需要运算的数据调入内存进行运算，当运算完成后，CPU 再将结果传送出来，内存的运行效率决定了计算机能否稳定运行。内存是由内存芯片、电路板、金手指等部件组成的，如图 1-16 所示。

图 1-14　　　　　　　　　　　　　　　　图 1-15

4. 显卡

显卡又称显示适配器，是电脑最基本、最重要的配件之一。显卡作为电脑主机里的一个重要组成部分，是电脑进行数、模信号转换的设备，承担着输出显示图形的任务。显卡接在电脑主板上，它将电脑的数字信号转换成模拟信号并让显示器显示出来。显卡由显示芯片、显示内存和 RAMDAC(数/模转换器)等组成。常用的显卡类型为 DDR2 和 DDR3，按照制作工艺不同，可以将显卡分为独立显卡和集成显卡。同时显卡还有图像处理的能力，可协助 CPU 工作，提高电脑整体的运行速度，如图 1-17 所示。

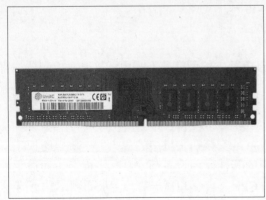

图 1-16　　　　　　　　　　　　　　　　图 1-17

1.2.3　电脑软件

电脑硬件是构成电脑系统各种物理设备的总称，而电脑软件则是可以运行在电脑硬件基础上的各种程序的总称，其作用是发挥和扩大电脑的功能，相当于人的思想和灵魂。电脑硬件主要为软件提供运行环境，是电脑系统的物质基础，相当于人的躯体。一台电脑只有硬件设备，是无法发挥其功能作用的，只有在电脑中安装相关软件，才能为我们解决实际问题。

电脑软件(computer software)是指计算机系统中的程序及其文档。程序是计算任务的处理对象和处理规则的描述；文档是为了便于用户了解程序所需的说明性资料。程序必须装入机器内部才能工作，文档一般是给用户看的，不一定装入机器。电脑软件一般可以分为

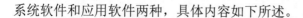

系统软件和应用软件两种，具体内容如下所述。

1. 系统软件

系统软件负责管理计算机系统中各种独立的硬件，使得它们可以协调工作。系统软件使计算机使用者和其他软件将计算机当作一个整体，而不需要顾及底层的硬件是如何工作的。系统软件为计算机提供最基本的功能，其可分为操作系统和支撑软件两种。

(1) 操作系统是一种管理电脑硬件与软件资源的程序，同时也是计算机系统的内核与基石。操作系统身负诸如管理与配置内存、决定系统资源供需的优先次序、控制输入与输出设备、操作网络与管理文件系统等基本事务。操作系统还提供一个让使用者与系统交互的操作接口。操作系统分为 BIOS、BSD、DOS、Linux、Mac OS、OS/2、QNX、UNIX、Windows 等软件。

(2) 支撑软件是支撑各种软件开发与维护的软件，又称为软件开发环境(SDE)。它主要包括环境数据库、各种接口软件和工具组。著名的软件开发环境有 IBM 公司的 Web Sphere、微软公司的 Microsoft Visual Studio.NET 等。支撑软件包括一系列基本的工具，如编译器、数据库管理、存储器格式化、文件系统管理、用户身份验证、驱动管理、网络连接等。

2. 应用软件

系统软件并不针对某一特定应用领域，而应用软件则相反，不同的应用软件会根据用户和所服务的领域提供不同的功能。

应用软件是为了某种特定的用途而开发的软件。它可以是一个特定的程序，比如一个图像浏览器；也可以是一组功能联系紧密、可以互相协作的程序的集合，比如微软的 Office 软件；还可以是一个由众多独立程序组成的庞大的软件系统，比如数据库管理系统。

1.2.4　课堂范例——开机、关机和重启

了解了电脑的硬件与软件后，用户就可以开始操作电脑了，在使用电脑之前，首先要将电脑开机。在本节任务中，将介绍开机、关机和重启电脑的方法。

◀◀ 扫码看视频(本节视频课程时间：14 秒)

(1) 如果电脑是台式机，用户需要在主机箱上按下开机按钮来开机；如果是笔记本电脑，用户须翻开电脑屏幕，在键盘上按下开机按钮来开机，不同品牌的电脑开机按钮的位置也不相同。

(2) *1.* 在电脑屏幕上单击【开始】按钮 ▦，*2.* 单击【电源】按钮 ⏻，*3.* 在弹出的菜单中选择【关机】命令即可关机，如图 1-18 所示。

(3) *1.* 在电脑屏幕上单击【开始】按钮 ▦，*2.* 单击【电源】按钮 ⏻，*3.* 在弹出的菜单中选择【重启】命令即可重启电脑，如图 1-19 所示。

图 1-18

图 1-19

知识精讲

　　除了【关机】和【重启】命令外，用户还可以将电脑设置为"睡眠"状态：在电脑屏幕上单击【开始】按钮▦，再单击【电源】按钮⏻，在弹出的菜单中选择【睡眠】命令，电脑就会进入"睡眠"状态。在此状态下电脑会保持开机，但耗电较少，应用会一直保持打开状态，这样在唤醒电脑后，就可以立即恢复到离开时的状态。

1.3　实践案例与上机指导

　　通过本章的学习，读者基本可以掌握电脑的分类、电脑硬件与软件的基本知识以及一些常见的操作方法。下面将通过练习操作，来达到巩固学习、拓展提高的目的。

1.3.1　连接显示器

　　如果用户想要自己组装台式机，就需要将电脑的各部分硬件连接在主机箱上。本节将介绍把显示器连接到主机箱的操作方法。

 将显示器上的连接信号线插头插入主机的显示端口，如图 1-20 所示。

图 1-20

第2步 将插头插入主机的显示端口后，将连接信号线插头两端的螺丝拧紧，如图 1-21 所示。

第3步 将显示器电源线的另一端插头插入电源插座中，如图 1-22 所示。

图 1-21

图 1-22

通过以上方法即可完成连接显示器的操作。

1.3.2　连接鼠标和键盘

鼠标和键盘是台式电脑中的重要输入设备，将鼠标和键盘正确地连接到电脑主机上，这样用户就可以在电脑中输入数据，发布操作命令。下面介绍连接鼠标和键盘的操作方法。

第1步 将鼠标和键盘连接线拿到电脑主机前，用户应先检查鼠标和键盘的连接线是否正常，如图 1-23 所示。

第2步 将鼠标和键盘的 USB 插头分别插入主机的对应端口中，如图 1-24 所示。

图 1-23

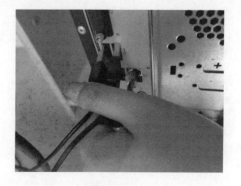

图 1-24

通过以上方法即可完成连接鼠标和键盘的操作,如图 1-25 所示。

图 1-25

1.3.3 连接电源

连接显示器、键盘和鼠标后,用户可以将主机电源接入,这样主机即可正常运行。下面介绍连接主机电源的操作方法。

第1步 将主机电源线的连接插头插入主机机箱背面的主机电源端口中,如图 1-26 所示。此时用户应注意插口是否松动,以免造成主机无法启动的现象。

第2步 将主机电源线的另一端插头插入电源插座中,如图 1-27 所示。通过以上方法即可完成连接电源的操作,不使用电脑时,除了应将电脑正确关闭外,还应将插座的主电源关闭,以防火灾的发生。

图 1-26

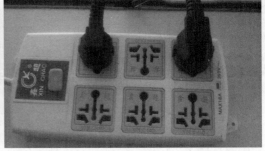

图 1-27

1.3.4 连接打印机

打印机是计算机的输出设备之一,下面详细介绍将打印机连接到电脑上的操作方法。

第1步 将打印机信号线一端的插头插入打印机接口中,如图 1-28 所示。

第2步 将打印机信号线另一端的插头插入主机背面的接口中,并将打印机一端的电源线插头插入打印机背面的电源接口中,另一端插在电源插座上,即可完成连接打印机的操作,如图 1-29 所示。

图 1-28

图 1-29

1.4 思考与练习

一、填空题

1. 台式机又称台式电脑，一般包括电脑主机、_____、鼠标和键盘，还可以连接打印机、_____、音箱和_____等外部设备。

2. 常用的电脑及智能设备包括台式机、_____、_____、智能手机、_____、智能家居和_____。

3. 机箱是主机内部部件的保护壳，外部留有常用的一些接口，如_____、指示灯、USB 接口、电源接口、_____、键盘接口、耳机插口和麦克风插口等。

4. 主机内安装着电脑的主要部件，如电源、主板、CPU、_____、硬盘、光驱、_____和显卡等。

5. 操作系统分为_____、BSD、_____、Linux、Mac OS、OS/2、QNX、UNIX、Windows 等。

二、判断题

1. 笔记本电脑一般包括电脑主机、显示器、鼠标和键盘，还可以连接打印机、扫描仪、音箱和摄像头等外部设备。 （ ）

2. 智能手机，是指像个人电脑一样具有独立的操作系统、独立的运行空间，可以由用户自行安装软件、游戏等，并可以通过移动通信网络来实现无线网络接入手机类型的总称。 （ ）

3. 键盘是电脑中重要的输入设备之一，用于将文本、数据和特殊字符等资料输入到电脑中。键盘中的按键数量一般为 201~210 个，通过 USB 接口与主机相连。 （ ）

4. CPU 也称中央处理器，是电脑的核心，主要用于运行与计算电脑中的所有数据，由运算器、控制器、寄存器组、内部总线和系统总线组成。 （ ）

5. 电脑机箱主板又称主机板、系统板或母板，是安装在主机中最大的一块电路板，上面安装了组成计算机的主要电路系统，电脑中的其他硬件设备都安装在主板中，通过主板上的线路可以协调电脑中各个部件的工作，如 CPU、内存和显卡等。 （ ）

6. 内存是电脑中主要的存储部件，由一个或者多个铝制或者玻璃制的碟片组成，碟片外覆盖有铁磁性材料。硬盘通常用于存放永久性的数据和程序，是电脑中的固定存储器，具有容量大、可靠性高、断电后存储的数据也不会丢失等特点。硬盘由磁头、磁道、扇区和柱面等组成。　　　　　　　　　　　　　　　　　　　　　　　　　（　　）

三、思考题

1. 如何连接电脑电源？
2. 如何连接鼠标和键盘？
3. 如何将电脑设置为"睡眠"状态？
4. 如何连接显示器？

新起点

电脑教程

第2章

熟悉键盘与鼠标操作

本章要点

- 使用键盘
- 认识鼠标
- 使用鼠标

本章主要内容

本章主要介绍使用键盘方面的知识与技巧，同时还讲解如何使用鼠标，在本章的最后针对实际工作需求，讲解更改鼠标双击速度、交换左键和右键的功能及调整鼠标指针移动速度的方法。通过本章的学习，读者可以掌握键盘和鼠标基础操作方面的知识，为深入学习 Windows 11 和 Office 2021 知识奠定基础。

2.1 使 用 键 盘

键盘是电脑的重要输入设备之一，使用键盘可以将字符和数据等信息输入到电脑中，并且利用键盘还可以控制电脑的运行，如启动和关闭程序等。本节将详细介绍键盘方面的相关知识。

2.1.1 键盘的基本分区

键盘根据功能的不同可分为主键盘区、功能键区、控制键区、数字键区、状态指示灯区，如图 2-1 所示。

图 2-1

1. 主键盘区

主键盘区是键盘的主要部分，用于输入字母、数字、符号和汉字等，共有 61 个按键，包括 26 个字母键、10 个数字键、11 个符号键和 14 个控制键，如图 2-2 所示。

图 2-2

> 字母键：位于主键盘区的中间，包括 A～Z 的 26 个字母按键，用于输入字母或汉字。

> 控制键：位于主键盘区的外围，共有 14 个控制键，其中 Shift、Ctrl、Win 和 Alt 按键左右各有一个，用于辅助执行命令。Tab 键也称制表键，每按一次，光标向右移动 8 个字符；Caps Lock 键用于字母大小写的切换；Shift 键常与双字符键连

用，按住 Shift 键，再按双字符键，即可输入双字符键上方的符号；Ctrl 键和 Alt
键需要与其他按键组合使用；按下 Win 键可以弹出【开始】菜单，等同于【开始】
按钮；Space Bar 键又称空格键，用于输入空格；Enter 键又称回车键，在操作命
令时用于确定命令；Backspace 键又称退格键，用于删除光标左边一个字符的内容。

➢ 符号键：位于主键盘区的右侧，其中每个按键都有两个字符，而且 10 个数字键的
  上方也有符号，通过与 Shift 键的组合使用可以输入上方的符号。

➢ 数字键：位于主键盘的上方，包括 0～9 的 10 个数字按键，用于输入数字，在输
  入汉字时，也需要数字键的配合使用，以选择准备输入的汉字。

2. 功能键区

功能键区位于键盘的最上方，主要用来完成一些特殊的任务和工作，包括 16 个按键，
用于执行不同的命令，如图 2-3 所示。

图 2-3

➢ Esc 键：用来结束和退出程序，也可以取消正在执行的命令。

➢ F1～F12 键：软功能键，按下不同的功能键可以实现相应的功能。

➢ Print Screen 键：截屏键，按下此键将会截取全屏幕画面。

➢ Scroll Lock 键：滚动锁定键，按下此键后在 Excel 中按上、下键滚动时，会锁定
  光标而滚动页面；如果放开此键，则按上、下键时会滚动光标，进而锁定页面。

➢ Pause Break 键：中断暂停键，可中止某些程序的执行，比如 BIOS 和 DOS 程序，
  在没进入操作系统之前的 DOS 界面显示自检内容的时候按下此键，会暂停信息翻
  滚，以便查看屏幕内容，之后按任意键可以继续。

3. 控制键区

控制键区主要位于主键盘区的右侧，主要功能是移动光标，包括 9 个编辑按键和 4 个
方向键，如图 2-4 所示。

➢ Insert 键：也称插入键，Word 文档中可以在插入和改写状态中互相转换。

➢ Home 键：也称首键，可以将光标定位在光标所在行的行首。

➢ Page Up 键：上一页键，可以向上翻阅一页。

➢ Delete 键：也称删除键，可以删除光标所在位置右侧的字符。

➢ Page Down 键：下一页键，可以向下翻阅一页。

➢ ↓键：向下方向键，可以控制光标向下移动。

➢ ←键：向左方向键，可以控制光标向左移动。

4. 数字键区

数字键区也称为小键盘区，位于编辑键区的最右侧，有 17 个按键，通过这些键可以方
便快速地输入数字，如图 2-5 所示。

图 2-4　　　　　　　　　　　　图 2-5

> ➢ Num Lock 键：也称数字锁定键，用于控制数字键区上下档的切换，当按下该键时，键盘提示区中第一个指示灯亮，表明此时为数字状态；当再次按下该键时，指示灯将熄灭，同时切换为光标控制状态。

> ➢ Enter 键：与主键盘区中的 Enter 键基本作用相同，用于在运算结束时显示运算结果。

> ➢ /键、*键、-键、+键：相当于数学运算中的除号、乘号、减号、加号。

5. 状态指示灯区

状态指示灯区位于数字键区的上方，由数字键盘的锁定指示灯 Num、英文大小写字母锁定指示灯 Caps 和滚屏锁定指示灯 Scroll 组成，如图 2-6 所示。

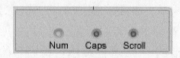

图 2-6

> ➢ Num 指示灯：控制输入数字键的状态，当指示灯亮起时，表示当前输入的是数字状态，反之，表示当前是编辑状态。

> ➢ Caps 指示灯：控制输入字母大小写的状态，当指示灯亮起时，表示当前输入的是字母大写状态，反之，则是小写状态。

> ➢ Scroll 指示灯：控制 DOS 状态下的锁定屏幕，当指示灯亮起时，表示当前屏幕为锁定状态，反之，当前屏幕为正常状态。

2.1.2　基准键位

使用键盘打字时，键盘的分布使得手指可以协调配合，从而提高打字速度。下面详细介绍基准键位方面的知识。

基准键位是打字时手指所处的基准位置，敲击其他任何键，手指都是从这里出发，而且敲击完后须立即退回到基本键位。

基准键位共由 8 个按键组成，分别是 A、S、D、F、J、K、L 和;键，依次对应左手的小指、中指、食指和右手的食指、中指、无名指、小指，大拇指放在空格上，如图 2-7 所示。

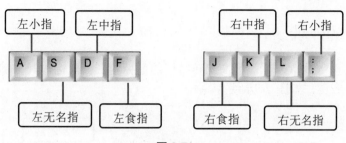

图 2-7

2.1.3　课堂范例——键位分工与指法练习

键盘的指法分区主要是针对主键盘区，其规则为：将主键盘区分成 8 个部分，由 8 个手指分别对应 8 个部分的按键，两个大拇指控制空格键。下面介绍指法分区的组成部分，如图 2-8 所示。

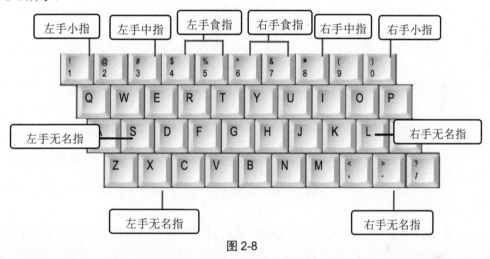

图 2-8

掌握键盘指法后便可以开始练习击键，击键的方法为：将双手放置到相应的基准键位上，然后根据键盘指法，敲击相应的按键，击键后手指要迅速返回到基本键位。

 智慧锦囊

对于主键盘区中两侧的控制键并没有严格指定指法分区，一般左侧的控制键由左小指控制，右侧的控制键则由右小指控制，对于编辑键区和小键盘区中的按键，一般由右手控制。

2.2　认 识 鼠 标

鼠标也是电脑中的重要输入设备之一，其外形像一只小老鼠，因此被称为鼠标，鼠标就像电脑中的"指挥官"，使用鼠标可以对电脑发布命令，执行各种操作。本节将详细介绍鼠标方面的知识。

2.2.1 鼠标的外观

按照鼠标的按键数量来说，目前比较常用的鼠标为三键鼠标，其按键包括鼠标左键、鼠标中键和鼠标右键，如图 2-9 所示。

鼠标中键

鼠标右键

鼠标左键

图 2-9

2.2.2 鼠标的分类

按内部构造分类，可以将鼠标分为机械式、光机式、光电式和无线式四大类。下面详细介绍各类鼠标的特点。

1. 机械式鼠标

机械式鼠标结构最为简单，在滚轴的末端有译码轮，译码轮附有金属导电片，与电刷直接接触，因此，磨损也较为厉害。机械式鼠标已基本淘汰。

2. 光机鼠标

光机鼠标，顾名思义，就是一种光电和机械相结合的鼠标，是目前市场上比较常见的一种鼠标。

3. 光电鼠标

光电鼠标的可靠性大大增强，适用于对精度要求较高的场合，不仅手感舒适、操控简易，而且实现了免维护。

4. 无线鼠标

无线鼠标利用数字、电子、程序语言等原理，以干电池为能源，可以远距离控制光标的移动。操作人员可在一米左右的距离内自由遥控，并且不受角度的限制。

 知识精讲

无线鼠标的安装方法如下：首先给无线鼠标安装上电池，盖好后盖，轻轻抠取下鼠标背后的接收器。将抠下的接收器插入电脑的 USB 接口。插好接收器后，找到鼠标底部的 ON/OFF 开关，将按键调至 ON 状态，即将鼠标调至使用状态。轻轻晃动鼠标，观察电脑屏幕上的鼠标箭头是否随之正常晃动，若有灵敏的晃动，说明安装成功，即可开始使用。

2.2.3　使用鼠标的注意事项

使用鼠标进行操作时应小心谨慎，不正确的使用方法将损坏鼠标。使用鼠标时应注意以下几点。

➤ 避免在衣物、报纸、地毯、糙木等光滑度不高的表面使用鼠标。

➤ 禁止磕碰鼠标。

➤ 禁止在高温强光下使用鼠标。

➤ 禁止将鼠标放入液体中。

➤ 光电鼠标中的发光二极管、光敏三极管都是怕振动的配件，使用时要注意尽量避免强力拉扯鼠标连线。

知识精讲

鼠标垫是指鼠标用的小垫子，其主要功能是防止因为玻璃等特殊材质的表面反射与折射影响鼠标的感光器定位，提供一个方便鼠标感光器系统计算移动向量的平面。近来也有不少鼠标垫增加了腕托，以提高手部舒适度。

2.3　使　用　鼠　标

在所有的电脑配件中，鼠标和电脑的操作是最密不可分的，电脑的大部分操作都是通过鼠标来实现的。鼠标在长时间、高频率的使用下，很容易损坏，要想延长鼠标的工作寿命，就要注意正确的使用方法，正确使用鼠标还可以有效地避免因错误操作而导致的手腕不舒服。

2.3.1　正确握持鼠标的方法

使用电脑时，不论是坐姿，还是键盘的指法或者鼠标的把握姿势，都必须正确，否则可能会导致身体疲惫，进而降低工作效率。下面将详细介绍正确握持鼠标的方法。

食指和中指自然地放置在鼠标的左键和右键上，拇指横放在鼠标的左侧，无名指与小指自然放置在鼠标的右侧。手掌轻贴在鼠标的后部，手腕自然垂放于桌上，如图 2-10 所示。

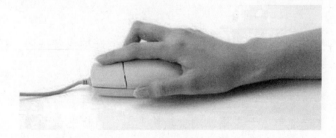

图 2-10

2.3.2 鼠标指针的含义

鼠标指针的不同状态有不同的含义，如果我们能熟知各种指示所具有的不同意义，那么对于实际操作将有很大的指导意义。下面详细介绍各种指针的含义。

15 种不同的鼠标指针大概可分为三类：一是选择方面，比如正常选择、帮忙选择、精确选择、文本选择、链接选择；二是移动方面，主要是在 Excel 中，比如垂直移动、水平移动、沿对角线移动，还有整列或者整行的移动；三是其他方面，比如候选、忙、后台运行等。用户可以通过【控制面板】，打开【鼠标 属性】对话框，在【指针】选项卡中进行具体的鼠标指针含义设置，如图 2-11 所示。

图 2-11

2.3.3 课堂范例——鼠标的基本操作

在 Windows 中，大部分的操作都是通过鼠标完成的，其中包括移动、单击、双击、右击和拖动等操作。下面将详细介绍鼠标的基本操作方法。

1. 移动

移动鼠标是指将鼠标指针从一个位置移动到另一个位置的过程，此时，在屏幕上可以看到移动的过程。

2. 单击

单击也称为"左键单击"，此操作常用于选定某个选项或者按钮，被选中的对象呈高亮显示，也可以单击执行某个命令。

3. 双击

双击即连续两次快速单击，是指使用食指快速敲击鼠标左键两次，此操作一般用于启动某个程序或任务，打开某个窗口或文件夹。

4. 右击

右击就是单击鼠标右键，单击右键可以弹出一个与当前鼠标指针所指对象相关联的快捷菜单，便于用户快速地执行某种命令。

5. 拖动

拖动是指将鼠标指针定位在准备拖动的对象上方，按住鼠标左键不放，移动鼠标指针至目标位置的过程。

2.4　实践案例与上机指导

通过本章的学习，读者基本可以掌握键盘与鼠标的基本知识以及一些常见的操作方法，下面将通过练习操作，来帮助读者达到巩固学习、拓展提高的目的。

2.4.1　更改鼠标双击的速度

在 Windows 操作系统中，鼠标可是主角，要使鼠标与操作系统真正做到"合二为一"，不进行鼠标设置是不行的。下面详细介绍更改鼠标双击速度的操作方法。

◀◀ 扫码看视频(本节视频课程时间：26 秒)

第 1 步　在 Windows 11 系统桌面上，*1.* 单击【搜索】按钮，*2.* 在弹出的搜索框中输入"控制面板"，*3.* 单击【打开】按钮，如图 2-12 所示。

第 2 步　打开【所有控制面板项】窗口，*1.* 在【查看方式】下拉列表框中选择【小图标】选项，*2.* 单击【鼠标】链接，如图 2-13 所示。

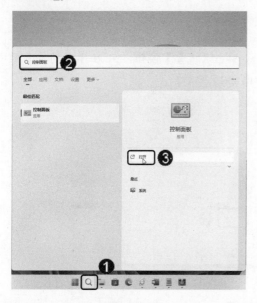

图 2-12

图 2-13

第3步 弹出【鼠标 属性】对话框，*1.* 在【鼠标键】选项卡的【双击速度】选项组中，移动【速度】滑块来调整双击速度，*2.* 设置完成后单击【确定】按钮即可完成操作，如图 2-14 所示。

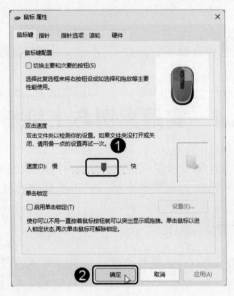

图 2-14

2.4.2 交换左键和右键的功能

在日常生活中，有些用户喜欢用左手操作鼠标，需要将鼠标的左右键功能进行交换。交换鼠标左键和右键功能的方法非常简单。下面介绍在 Windows 11 系统中交换鼠标左键和右键功能的方法。

◀◀ 扫码看视频(本节视频课程时间：26 秒)

第1步 在 Windows 11 系统桌面上，*1.* 单击【搜索】按钮，*2.* 在弹出的搜索框中输入"控制面板"，*3.* 单击【打开】按钮，如图 2-15 所示。

图 2-15

第2步　打开【所有控制面板项】窗口，*1.* 在【查看方式】下拉列表框中选择【小图标】选项，*2.* 单击【鼠标】链接，如图 2-16 所示。

第3步　弹出【鼠标 属性】对话框，*1.* 在【鼠标键】选项卡中选中【切换主要和次要的按钮】复选框，*2.* 单击【确定】按钮即可完成操作，如图 2-17 所示。

图 2-16

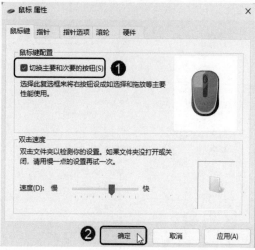

图 2-17

2.4.3　调整鼠标指针的移动速度

用户可以根据自身使用习惯调整鼠标指针的移动速度，调整鼠标指针移动速度的方法非常简单，下面详细介绍其操作方法。

◀◀ 扫码看视频(本节视频课程时间：27 秒)

第1步　在 Windows 11 系统桌面上，*1.* 单击【搜索】按钮，*2.* 在弹出的搜索框中输入"控制面板"，*3.* 单击【打开】按钮，如图 2-18 所示。

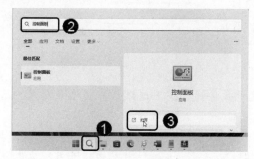

图 2-18

第2步　打开【所有控制面板项】窗口，*1.* 在【查看方式】下拉列表框中选择【小图标】选项，*2.* 单击【鼠标】链接，如图 2-19 所示。

第3步 弹出【鼠标 属性】对话框，*1.* 切换到【指针选项】选项卡，*2.* 在【移动】选项组中移动速度滑块来调整移动速度，*3.* 单击【确定】按钮即可完成操作，如图 2-20 所示。

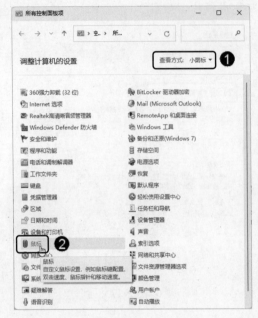

图 2-19

图 2-20

2.5 思考与练习

一、填空题

1. 键盘上有许多按键，每个按键的功能各不相同，主键盘区是键盘的主要部分，用于输入字母、数字、符号和汉字等，共_____个按键，包括 26 个_____、10 个数字键、_____个符号键和 14 个_____。

2. 控制键区主要位于主键盘区的_____，主要功能是移动光标，包括_____个编辑按键和 4 个_____。

二、判断题

1. Printer Screen 键为截屏键，按下该键可以将当前屏幕内容以图像形式复制到剪贴板中。 (   )

2. 鼠标的外观酷似小老鼠，因此得名鼠标。按照鼠标的按键数量来说，目前比较常用的鼠标为三键鼠标，其按键包括鼠标左键、鼠标中键和鼠标右键。 (   )

三、思考题

1. 如何正确握持鼠标？

2. 如何更改鼠标双击的速度？

新起点
电脑教程

第 3 章

揭开 Windows 11 的神秘面纱

本章要点

- 认识全新的 Windows 11 桌面
- 【开始】菜单的基本操作
- 操作 Windows 11 窗口

本章主要内容

本章主要介绍 Windows 11 桌面、【开始】菜单基本操作方面的知识与技巧，同时还讲解如何操作 Windows 11 窗口，在本章的最后还针对实际工作需求，讲解摇动标题栏以最小化其他所有窗口和让桌面字体变得更大的方法。通过本章的学习，读者可以掌握 Windows 11 系统基础操作方面的知识，为深入学习 Windows 11 和 Office 2021 知识奠定基础。

3.1 认识全新的 Windows 11 桌面

在 Windows 11 操作系统中，所有的文件、文件夹以及应用程序都用形象化的图标表示，在桌面上的图标被称为桌面图标，双击桌面图标可以快速打开相应的文件、文件夹或应用程序。

3.1.1 添加系统图标和快捷图标

系统图标是指安装系统后自动出现的图标，例如"此电脑""网络""回收站"和"控制面板"等。快捷图标又称快捷方式，它会提供某程序或文件的一个快捷启动和链接，添加或者删除快捷方式都不会影响原有程序的使用。

1. 添加系统图标

用户可以根据自身的办公需要添加经常使用的系统图标到桌面上，方便平时快速打开该程序，下面详细介绍添加系统图标的操作方法。

第 1 步 在桌面空白处单击鼠标右键，在弹出的快捷菜单中选择【个性化】菜单项，如图 3-1 所示。

第 2 步 打开【设置】窗口，切换到【个性化】设置界面，单击【主题】按钮，如图 3-2 所示。

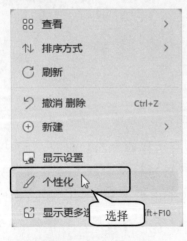

图 3-1   图 3-2

第 3 步 进入【主题】界面，单击【桌面图标设置】按钮，如图 3-3 所示。

第 4 步 打开【桌面图标设置】对话框，**1.** 在【桌面图标】选项组中选中准备添加的桌面图标复选框，**2.** 单击【确定】按钮，如图 3-4 所示。

第 5 步 返回到桌面，可以看到刚刚选择的系统图标已经添加到了桌面上，如图 3-5 所示。

图 3-3 图 3-4

图 3-5

2. 添加快捷图标

用户可以将文件、文件夹和应用程序的快捷图标添加到桌面上。下面详细介绍添加快捷图标的操作方法。

第1步 *1.* 在桌面底部的任务栏中单击【开始】按钮，*2.* 打开【开始】菜单，单击【所有应用】按钮，如图 3-6 所示。

第2步 鼠标右键单击要添加到桌面的应用程序图标，在弹出的快捷菜单中执行【更多】→【打开文件位置】命令，如图 3-7 所示。

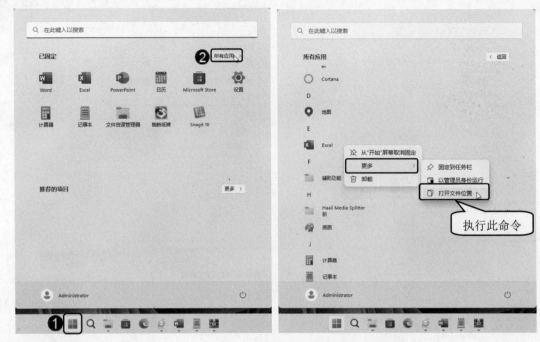

图 3-6　　　　　　　　　　　　　　　　　　图 3-7

第 3 步 打开程序所在的文件夹,鼠标左键按住快捷方式图标,将其拖曳至桌面上,如图 3-8 所示。

第 4 步 松开鼠标左键,可以看到桌面上已经添加了一个 Excel 程序图标,如图 3-9 所示。

图 3-8

图 3-9

通过以上步骤即可完成添加桌面快捷图标的操作。

3.1.2　设置图标的大小及排序方式

在桌面空白处单击鼠标右键,在弹出的快捷菜单中选择【查看】菜单项,在弹出的子菜单中显示了 3 种图标大小,包括大图标、中等图标和小图标,用户可以根据需要进行选

择，如图 3-10 所示。

在桌面空白处单击鼠标右键，在弹出的快捷菜单中选择【排序方式】菜单项，在弹出的子菜单中有 4 种排列方式，分别为名称、大小、项目类型和修改日期，用户可以根据需要进行选择，如图 3-11 所示。

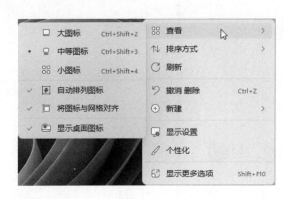
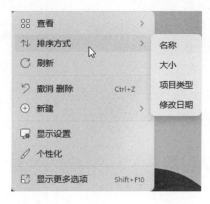

图 3-10   图 3-11

3.1.3 课堂范例——操作通知中心

通知中心可以显示更新内容、电子邮件和日历等通知信息。随着 Windows 11 的版本更新，通知中心的作用也在不断被强化。本节将介绍通知中心的基本操作。

◀◀ 扫码看视频(本节视频课程时间：1 分 03 秒)

1. 打开通知中心

Windows 11 的通知中心可提示用户系统、程序、网络连接的各种消息，方便用户快速操作。

第 1 步 单击任务栏中的【日期和时间】按钮，如图 3-12 所示。

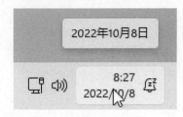

图 3-12

第 2 步 打开 Windows 11 的通知中心，如图 3-13 所示，在【通知】面板中显示"没有新通知"，如果有通知，单击信息即可查看。

图 3-13

2. 更改通知设置

用户可以打开或关闭通知，还可以更改部分发送方的通知设置。

第1步 **1.** 单击任务栏中的【开始】按钮，打开【开始】菜单，**2.** 单击【设置】按钮，如图 3-14 所示。

第2步 打开【设置】窗口，选择【系统】选项，切换到【系统】设置界面，单击【通知】按钮，如图 3-15 所示。

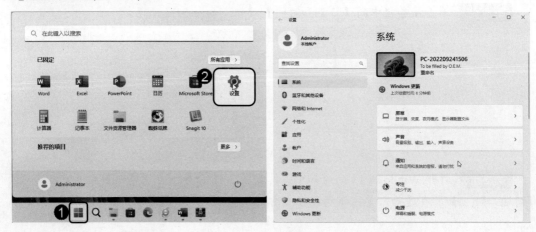

图 3-14   图 3-15

第3步　进入【通知】界面，1. 单击【通知】右侧的开关按钮，可以设置是否获取通知，2. 在【来自应用和其他发送者的通知】区域，任意单击一个通知选项，如【360 日历】，如图 3-16 所示。

第4步　进入【360 日历】选项设置界面，可设置是否显示通知横幅、当通知到达时是否播放声音等，如图 3-17 所示。

图 3-16　　　　　　　　　　　　　图 3-17

3. 开启"请勿打扰"模式

通知中心的"请勿打扰"模式可以帮助用户规避工作中可能出现的干扰，使用户集中注意力处理工作。

第1步　1. 单击任务栏中的【开始】按钮，打开【开始】菜单，2. 单击【设置】按钮，如图 3-18 所示。

第2步　打开【设置】窗口，切换到【系统】设置界面，单击【通知】按钮，如图 3-19 所示。

图 3-18　　　　　　　　　　　　　图 3-19

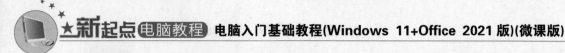
第3步 进入【通知】界面，单击【请勿打扰】右侧的开关按钮将其打开，再有新通知将不会提醒，而是直接发送到通知中心，如图 3-20 所示。

图 3-20

 知识精讲

　　除了单击【日期和时间】按钮可以打开通知中心外，用户按 Windows+N 组合键，也可以快速地打开通知中心；除了单击【开始】按钮打开【开始】菜单，然后单击【设置】按钮来进入通知中心设置界面外，用户还可以按 Windows+I 组合键直接打开【设置】窗口。

3.1.4　课堂范例——快速锁定 Windows 桌面

　　离开电脑时，用户可以将电脑锁屏，这样可以有效地保护隐私。快速锁定 Windows 桌面的方法有两种，一种是使用菜单命令，另一种是使用快捷键。本节将详细介绍这两种方法。

◄◄ 扫码看视频(本节视频课程时间：16 秒)

1. 使用菜单命令锁定 Windows 桌面

　　按 Win 键，弹出【开始】菜单，单击账户头像，在打开的菜单中选择【锁定】命令，即可进入锁屏状态，如图 3-21 所示。

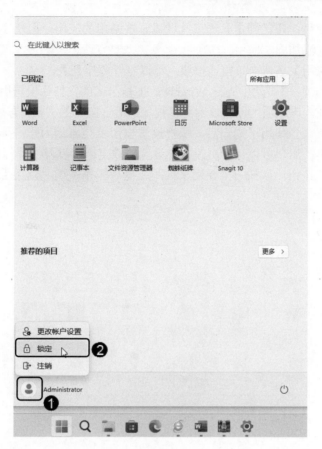

图 3-21

2. 使用快捷键锁定 Windows 桌面

按 Win+L 组合键，可以快速锁定 Windows 桌面，进入锁屏界面。

3.2　【开始】菜单的基本操作

与 Windows 10 相比，在 Windows 11 中，【开始】菜单发生了重大改变，居中显示在任务栏中，这样可以让用户更容易找到所需的内容。本节将主要介绍【开始】菜单的基本操作。

3.2.1　认识【开始】菜单和打开程序

单击 Windows 11 桌面下方任务栏中的【开始】按钮 ⊞ 或者按键盘上的 Win 键，打开【开始】菜单，可以看到其包含搜索框、已固定项目、【所有应用】按钮、推荐的项目、账户设置和【电源】按钮 ⏻，如图 3-22 所示。

➤ 搜索框：单击搜索框可以跳转到【搜索】界面，用户可以在其中搜索应用、文档、网页、设置、视频、文件夹、音乐等。

➢ 已固定项目：【已固定】选项区域显示了常用的应用，用户还可以根据需求在其中取消或添加固定应用。

➢ 【所有应用】按钮：单击该按钮，可以打开程序列表。

➢ 【推荐的项目】选项区域：Windows 11 基于云的支持，根据用户使用程序、文档等的习惯，该选项区域会显示更多程序、最近浏览的文档，方便用户快速地访问。

➢ 账户设置：当使用了账户后，账户设置按钮就会显示为账户头像，单击该按钮会弹出菜单，用户可以执行更改账户设置、锁定屏幕以及注销的操作。

➢ 【电源】按钮：该按钮主要用来关闭或重启操作系统，包括【关机】命令和【重启】命令。

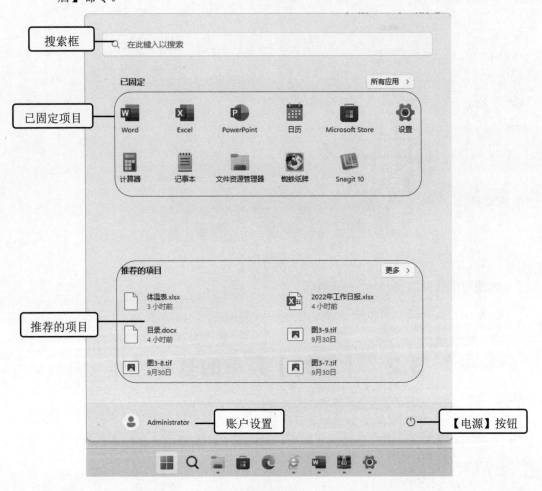

图 3-22

在【开始】菜单中可以查看电脑中安装的所有应用程序。下面介绍使用【开始】菜单打开程序的方法。

第 1 步 *1.* 在桌面底部的任务栏中单击【开始】按钮，*2.* 打开【开始】菜单，单击【所有应用】按钮，如图 3-23 所示。

第 2 步 打开所有应用列表，鼠标单击要打开的应用程序图标，如图 3-24 所示。

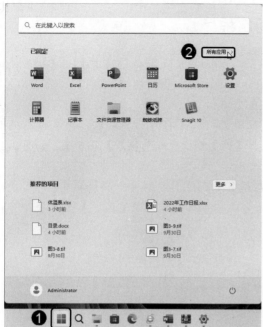
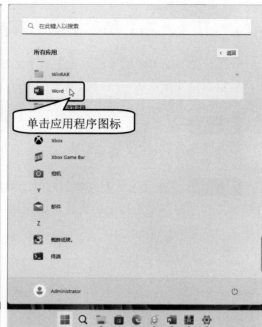

图 3-23　　　　　　　　　　　　　　　　　　图 3-24

第3步 应用程序已经打开，如图 3-25 所示。

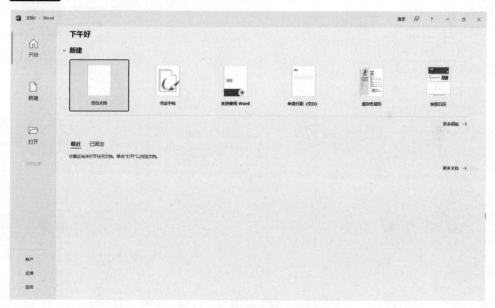

图 3-25

 智慧锦囊

在【开始】菜单中单击【所有应用】按钮，进入所有应用界面，单击最上方的"#"选项，即可进入根据应用首字母查找应用的界面。

3.2.2 在【开始】菜单中取消或固定程序

在【开始】菜单中的【已固定】选项区域下，Windows 11 默认包含了 13 个程序图标，用户可以根据使用需求，选择将其中的程序图标取消固定，也可以固定新的程序图标。下面详细介绍在【开始】菜单中取消或固定程序的方法。

第 1 步 在【开始】菜单中单击【所有应用】按钮，打开应用列表，用鼠标右键单击要固定的程序图标，在弹出的快捷菜单中选择【固定到"开始"屏幕】菜单项，如图 3-26 所示。

第 2 步 单击【返回】按钮，可以看到应用程序已经固定到【开始】菜单中。用鼠标右键单击程序图标，在弹出的快捷菜单中选择【从"开始"屏幕取消固定】菜单项即可取消固定，如图 3-27 所示。

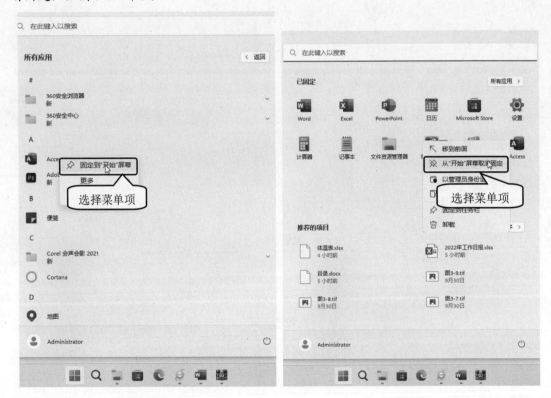

图 3-26   图 3-27

3.3 操作 Windows 11 窗口

在 Windows 11 操作系统中，窗口是用户界面中最重要的组成部分，对窗口的操作是最基本的操作。本节将介绍窗口的组成、打开和关闭窗口、移动窗口的位置、调整窗口的大小等内容。

3.3.1　Windows 11 的窗口组成

窗口是屏幕上一个与应用程序相对应的矩形区域，是用户与产生该窗口的应用程序之间的可视界面。当用户开始运行一个应用程序时，应用程序就会创建并显示一个窗口；当用户操作窗口中的对象时，程序就会作出相应的反应。用户可以通过关闭一个窗口来终止一个程序的运行，也可以通过选择相应的应用程序窗口来选择相应的应用程序。

图 3-28 所示为【文档】窗口，其由标题栏、功能选项区、地址栏、控制按钮区、搜索框、导航窗格、内容窗口、状态栏和视图按钮等部分组成。

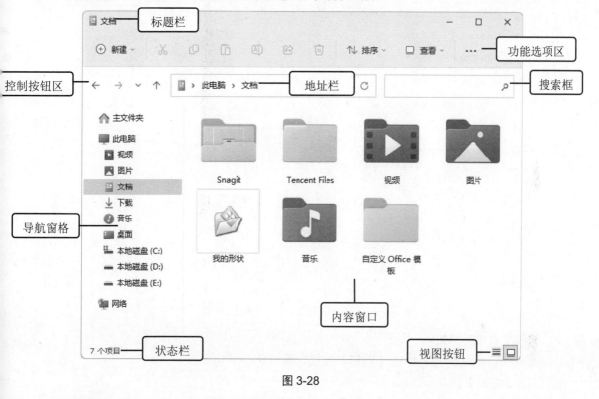

图 3-28

1. 标题栏

标题栏位于窗口的最上方，显示了当前的目录位置。标题栏右侧分别为【最小化】－、【最大化/还原】▢ 和【关闭】✕ 3 个按钮，单击相应的按钮可以执行相应的窗口操作，如图 3-29 所示。

图 3-29

2. 功能选项区

功能选项区位于标题栏下方，包含了常用的功能按钮，依次为新建、剪切、复制、粘贴、重命名、共享、删除、排序、查看和查看更多，共 10 个按钮。

(1) 【新建】按钮

单击【新建】按钮，在弹出的下拉菜单中可以执行新建文件夹、新建快捷方式和新建文件的操作，其中新建文件的种类与电脑中已安装的应用程序有关。如安装了 Office，则可新建 Word、Excel、PowerPoint 等文件，如图 3-30 所示。

图 3-30

(2) 【剪切】按钮

选中文件或文件夹，单击【剪切】按钮，即可执行剪切操作。

(3) 【复制】按钮

选中文件或文件夹，单击【复制】按钮，即可执行复制操作。

(4) 【粘贴】按钮

执行了剪切或复制操作后，在目标文件夹下【粘贴】按钮为可用状态，单击该按钮，即可将所选的文件或文件夹粘贴到当前文件夹。

(5) 【重命名】按钮

单击【重命名】按钮，所选文件或文件夹的名称进入编辑状态，用户可对其进行重命名。

(6) 【共享】按钮

单击【共享】按钮，弹出如图 3-31 所示的界面，用户可以将所选文件发送给联系人。

(7) 【删除】按钮

单击【删除】按钮，即可将所选的文件或文件夹删除。

(8) 【排序】按钮

单击【排序】按钮，弹出下拉菜单，用户可以对当前窗口中的文件或文件夹按照名称、日期、类型等方式进行排序，如图 3-32 所示。

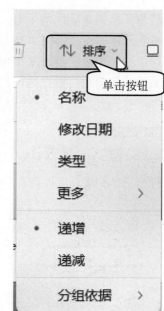

图 3-31　　　　　　　　　　　　　　　　图 3-32

(9) 【查看】按钮

单击【查看】按钮，弹出下拉菜单，用户可以设置查看图标大小、列表显示方式等，如图 3-33 所示。

(10) 【查看更多】按钮 •••

单击【查看更多】按钮，用户可进行撤销、固定到快速访问、全部选择、全部取消等操作，如图 3-34 所示。

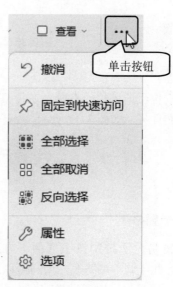

图 3-33　　　　　　　　　　　　　　　　图 3-34

3. 地址栏

地址栏位于功能选项区的下方，主要展示了从根目录到现在所在目录的路径，单击地址栏即可看到具体的路径。图 3-35 展示了【此电脑】下【文档】文件夹中的内容。

用户可以通过地址栏返回某个位置，如单击【此电脑】，则可以立即返回【此电脑】文件夹。另外，用户也可以在地址栏中直接输入路径，按 Enter 键，可以快速到达要访问的位置。

4. 控制按钮区

控制按钮区位于地址栏的左侧，主要用于返回←、前进→、上移↑到前一个位置。单击✓按钮，打开下拉列表，可以查看最近访问的位置信息，快速到达该位置，如图 3-36 所示。

图 3-35　　　　　　　　　　　　　　　图 3-36

5. 搜索框

搜索框位于地址栏的右侧，在搜索框中输入关键词，可以快速地查找当前位置中相关的文件、文件夹，如图 3-37 所示。

图 3-37

6. 导航窗格

导航窗格位于控制按钮区的下方，显示了电脑中包含的具体位置，如快速访问、OneDrive、此电脑、网络等，用户可以通过导航窗格快速定位到相应的位置，如图 3-38 所示。另外，用户也可以通过导航窗格中的【展开】按钮和【收缩】按钮，显示或隐藏详细的子目录。

7. 内容窗口

内容窗口位于导航窗格右侧，是显示当前位置的内容区域，也称工作区域，如图 3-39 所示。

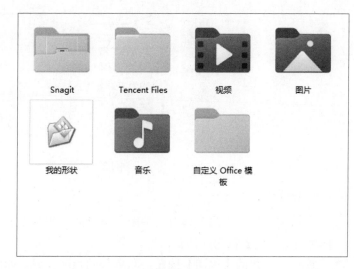

图 3-38   图 3-39

8. 状态栏

状态栏位于导航窗格下方，显示当前位置中的项目数量，也会根据用户选择的内容显示所选文件或文件夹的数量、容量等信息，如图 3-40 所示。

9. 视图按钮

视图按钮位于状态栏右侧，包含了【在窗口中显示每一项的相关信息】按钮▤和【使用大缩略图显示项】按钮▭两个按钮，用户可以通过单击它们选择视图方式，如图 3-41 所示。

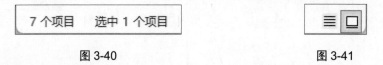

图 3-40   图 3-41

3.3.2 打开和关闭窗口

打开和关闭窗口是最基本的操作，本节主要介绍其操作方法。

1. 打开窗口

在 Windows 11 中，双击程序图标，即可打开窗口。利用【开始】菜单、桌面快捷方式、任务栏中的快速启动区都可以打开窗口。

另外，右键单击程序图标，在弹出的快捷菜单中选择【打开】菜单项，这样也可以打开窗口，如图 3-42 所示。

图 3-42

2. 关闭窗口

窗口使用完毕后,用户可以将其关闭。常见的关闭窗口的方法有以下几种。

(1) 使用【关闭】按钮关闭窗口

单击窗口右上角的【关闭】按钮,即可关闭当前窗口,如图 3-43 所示。

(2) 通过窗口左上角的程序图标关闭窗口

单击窗口左上角的程序图标,在弹出的下拉菜单中选择【关闭】菜单项,即可关闭当前窗口,如图 3-44 所示。

图 3-43   图 3-44

(3) 使用标题栏关闭窗口

用鼠标右键单击标题栏,在弹出的快捷菜单中选择【关闭】菜单项,即可关闭当前窗口,如图 3-45 所示。

(4) 使用任务栏关闭窗口

在任务栏上用鼠标右键单击需要关闭的程序图标,在弹出的快捷菜单中选择【关闭所有窗口】菜单项,可关闭该程序的所有窗口,如图 3-46 所示。

(5) 使用快捷键关闭窗口

在当前窗口中按 Alt+F4 组合键,即可关闭窗口。

图 3-45

图 3-46

3.3.3　移动窗口位置

　　当窗口没有处于最大化或最小化状态时，将鼠标指针放在需要移动位置的窗口的标题栏上，按住鼠标左键不放，拖曳标题栏到需要移动到的位置，松开鼠标，即可完成窗口位置的移动，如图 3-47、图 3-48 所示。

图 3-47

图 3-48

3.3.4 切换当前活动窗口

如果同时打开了多个窗口，用户就需要在各个窗口之间进行切换操作。

1. 使用鼠标切换窗口

使用鼠标在需要切换的窗口中任意位置单击，该窗口即可出现在所有窗口的最前面。

另外，将鼠标指针停留在任务栏的某个程序图标上，该程序图标上方会显示该程序的预览小窗口，在预览小窗口中移动鼠标指针，桌面上也会同时显示该程序中的某个窗口。如果是需要切换的窗口，单击该窗口，该窗口即可显示在桌面上，如图 3-49 所示。

图 3-49

2. 使用 Alt+Tab 组合键切换窗口

在 Windows 11 系统中，使用主键盘区中的 Alt+Tab 组合键切换窗口时，桌面中间会出现当前打开的各程序的预览小窗口，按住 Alt 键不放，每按一次 Tab 键，就会切换一次，直至切换到需要打开的窗口，如图 3-50 所示。

图 3-50

智慧锦囊

在 Windows 11 系统中，按下键盘主键盘区中的 Win+Tab 组合键或单击【任务视图】按钮 ▆ （执行【设置】→【个性化】→【任务栏】命令即可启用【任务视图】按钮），即可显示当前桌面环境中所有窗口的缩略图，在需要切换的窗口上单击，即可快速切换到该窗口。

3.3.5　调整窗口的大小

一般在默认情况下，打开的窗口大小和上次关闭时的大小一样。用户将鼠标指针移动到窗口的边缘，当鼠标指针变为 ↕ 或 ↔ 形状时，可上下或左右移动边框，在纵向或横向方向上改变窗口的大小。将鼠标指针移动到窗口的任意角点，当鼠标指针变为 ↖ 或 ↗ 形状时，拖曳鼠标，可沿水平或垂直两个方向等比例放大或缩小窗口，如图 3-51、图 3-52 所示。

图 3-51

图 3-52

3.3.6 课堂范例——窗口贴靠布局显示

在 Windows 11 中，如果需要同时处理多个窗口，可以让其以贴靠布局显示，这样就不需要进行切换。本节将详细介绍单窗口的贴靠排列、双窗口的并排排列以及多窗口的并排排列的方法。

◀◀ 扫码看视频(本节视频课程时间：1 分 08 秒)

1. 单窗口的贴靠排列

第1步 选中要移动的窗口，按住鼠标左键不放，将其拖曳至桌面最右侧，如图 3-53 所示。

图 3-53

第2步 松开鼠标左键，该窗口即可贴靠至桌面右侧，如图 3-54 所示。

图 3-54

2. 双窗口的并排排列

第1步　选择一个窗口，按住 Win 键不放，然后按→键，当前窗口会自动贴靠至桌面右侧，左侧则弹出预览小窗口，用户可以在左侧双击选择需要显示的窗口，如图 3-55 所示。

图 3-55

第2步　两个窗口并排排列操作完成，如图 3-56 所示。

图 3-56

第3步　将鼠标指针移至两个窗口的接缝处，指针即变为左右箭头形状，拖曳可左右移动接缝，以调整两个窗口的宽度，如图 3-57 所示。

3. 多窗口的并排排列

第1步　打开一个窗口，按 Win+Z 组合键，当前窗口右上角即会显示贴靠布局选项，共包含 4 种布局模式。不同的布局模式会将桌面划分为不同的区域，并按照区域大小提供

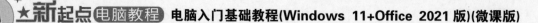

了 4 种不同的排列方式,根据需要排列的窗口数量,选择一种贴靠布局模式及当前窗口所处的位置,如图 3-58 所示。

图 3-57

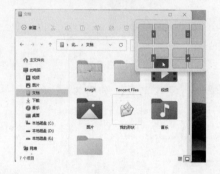

图 3-58

第2步 窗口会按照所选的布局模式排列,在包含预览小窗口的悬浮框中,单击选择该区域要显示的窗口,如图 3-59 所示。

图 3-59

第 3 步　单击选择右上角区域要显示的窗口，如图 3-60 所示。

图 3-60

第 4 步　通过以上步骤即可完成多窗口并排排列的操作，如图 3-61 所示。

图 3-61

3.4　实践案例与上机指导

通过本章的学习，读者基本可以掌握 Windows 11 系统的基础知识以及一些常规的操作方法，下面将通过练习操作，来帮助读者达到巩固学习、拓展提高的目的。

3.4.1 摇动标题栏以最小化其他所有窗口

进行多窗口操作时，如果希望将当前窗口以外的窗口最小化，最常用的方法是显示桌面，然后打开目标窗口。Windows 11 支持"标题栏窗口摇动"功能，当用户摇动目标窗口时，其他所有窗口都将最小化，以方便用户对目标窗口进行操作，下面介绍具体的操作方法。

◀◀ 扫码看视频(本节视频课程时间：28 秒)

第 1 步 按 Win+I 组合键，打开【设置】窗口，切换到【系统】设置界面中，单击【多任务处理】按钮，如图 3-62 所示。

第 2 步 进入【多任务处理】界面，将【标题栏窗口摇动】选项右侧的开关按钮设置为【开】，如图 3-63 所示。

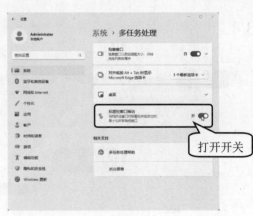

图 3-62　　　　　　　　　　　　图 3-63

第 3 步 按住目标窗口的标题栏并进行摇动，如图 3-64 所示。

图 3-64

第 4 步 除了目标窗口外，其他窗口都会被最小化，如图 3-65 所示。

图 3-65

3.4.2 让桌面字体变得更大

如果电脑是给老年人使用，字体可能需要设置得更大一些，这样能够方便老年人浏览。通过对显示进行设置，可以让桌面的字体变得更大，下面详细介绍让桌面字体变得更大的操作方法。

◀◀ 扫码看视频(本节视频课程时间：31 秒)

第 1 步 用鼠标右键单击系统桌面空白处，在弹出的快捷菜单中选择【显示设置】菜单项，如图 3-66 所示。

第 2 步 打开【设置】窗口，切换到【系统】设置界面，单击【屏幕】按钮，进入【屏幕】界面，选择【缩放】选项，如图 3-67 所示。

图 3-66

图 3-67

第3步 进入【自定义缩放】界面，选择【文本大小】选项，如图 3-68 所示。

第4步 进入【文本大小】界面，**1.** 移动滑块将字体设置为最大，**2.** 单击【应用】按钮即可完成设置桌面字体大小的操作，如图 3-69 所示。

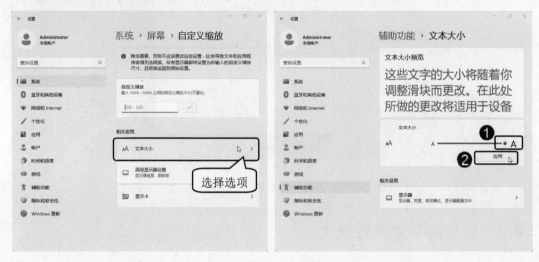

图 3-68　　　　　　　　　　　　　　　图 3-69

3.5　思考与练习

一、填空题

1. 系统图标包括此电脑、_____、用户的文件、控制面板和_____。

2. 单击 Windows 11 桌面下方任务栏上的【开始】按钮▦或者按键盘上的 Win 键，打开【开始】菜单，可以看到其包含搜索框、_____、【所有应用】按钮、推荐的项目、_____和_____。

二、判断题

1. 在 Windows 11 操作系统中，所有的文件、文件夹以及应用程序都由形象化的图标来表示，在桌面上的图标被称为桌面图标。　　　　　　　　　　　　　　　（　　）

2. 窗口是屏幕上一个与应用程序相对应的矩形区域，是用户与产生该窗口的应用程序之间的可视界面。　　　　　　　　　　　　　　　　　　　　　　　（　　）

三、思考题

1. 如何快速锁定 Windows 桌面？

2. 如何在【开始】菜单中取消或固定程序？

新起点
电脑教程

第**4**章

管理电脑文件和文件夹

本章要点

- 文件和文件夹
- 操作文件与文件夹
- 使用回收站

本章主要内容

本章主要介绍文件和文件夹以及操作文件与文件夹方面的知识与技巧，同时还讲解如何使用回收站，在本章的最后针对实际工作需求，讲解隐藏和显示文件或文件夹、显示文件的扩展名和加密文件或文件夹的方法。通过本章的学习，读者可以掌握管理电脑文件和文件夹方面的知识，为深入学习 Windows 11和 Office 2021 知识奠定基础。

4.1　文件和文件夹

电脑中的数据都是以文件的形式保存到电脑中的，而文件夹则用来分类电脑中的文件。如果用户要在电脑中存储数据，那么就需要了解电脑中各种资源的专业术语，本节将介绍文件和文件夹方面的知识。

4.1.1　磁盘分区与盘符

电脑中的主要存储设备为硬盘，但是硬盘不能直接存储资料，需要将其划分为多个空间，而划分出的空间即为磁盘分区，如图 4-1 所示。磁盘分区是使用分区编辑器(partition editor)在磁盘上划分的几个空间。硬盘一旦被划分成数个分区，不同类的目录与文件就可以存储进不同的分区。分区越多，也就有更多不同的地方将文件的性质区分得更细，但太多分区也会给查找文件带来麻烦。

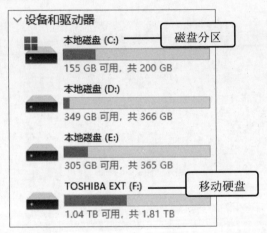

图 4-1

Windows 11 系统一般是用【此电脑】来存放文件，此外，也可以用移动存储设备来存放文件，如 U 盘、移动硬盘以及手机的内部存储等。从理论上来说，文件可以被存放在【此电脑】的任意位置，但是为了便于管理，文件应按性质分盘存放。

通常情况下，电脑的硬盘最少需要划分为 3 个分区：C 盘、D 盘和 E 盘。

C 盘主要用来存放系统文件。所谓系统文件，是指操作系统和应用软件中的系统操作部分。一般系统默认情况下都会被安装在 C 盘，包括常用的程序。

D 盘主要用来存放应用软件，如 Office、Photoshop 等程序，常常被安装在 D 盘。一般性的软件，如 RAR 压缩软件等可以安装在 C 盘；对于占用空间大的软件，如 3ds Max 等，需要安装在 D 盘，这样可以少用 C 盘的空间，从而提高系统的运行速度。

E 盘用来存放用户自己的文件，如电影、图片和 Word 资料文件等。如果硬盘还有多余空间，则可以添加更多的分区。

知识精讲

　　几乎所有的软件默认的安装路径都在 C 盘中，电脑用得越久，C 盘被占用的空间就越多。随着时间的推移，系统的反应速度会越来越慢。所以安装软件时，需要根据自身情况更改安装路径。

4.1.2　什么是文件和文件夹

　　在 Windows 11 系统中，文件是指存储在磁盘上的一组有名字的相关信息的集合，是最基础的存储单位。在电脑中，一篇文稿、一组数据、一段声音或一张图片等都属于文件，图 4-2 所示为一段声音文件。每个文件都有自己唯一的名称，Windows 11 正是通过文件的名字来对文件进行管理的。

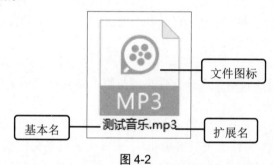

图 4-2

　　在 Windows 11 系统中，文件名由"基本名"和"扩展名"构成，它们之间用标点符号"."隔开。文件图标和扩展名代表了文件的类型，看到文件图标，知道文件的扩展名就能判断出文件的类型。文件命名有以下规则。

➤　文件名称长度最多可达 256 个字符，1 个汉字相当于 2 个字符。

➤　文件名中不能出现这些字符：斜线(\、/)、竖线(│)、小于号(<)、大于号(>)、冒号(:)、引号(""）、问号(？)、星号(*)。

➤　文件命名不区分字母大小写，如 abc.txt 和 ABC.txt 是同一个文件名。

➤　同一个文件夹下的文件名称不能相同。

　　文件夹是电脑中用于分类存储资料的一种工具，可以将多个文件或文件夹放置在一个文件夹中，从而对文件或文件夹进行分类管理。文件夹由文件夹图标和文件夹名称组成，如图 4-3 所示。

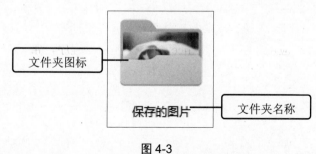

图 4-3

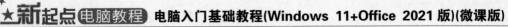

文件夹命名有以下规则。

➤ 文件夹名称长度最多可以包含 256 个字节，1 个汉字相当于 2 个字节。

➤ 文件夹名中不能出现这些字符：斜线(\、/)、竖线(|)、小于号(<)、大于号(>)、冒号(：)、引号(" ")、问号(?)、星号(*)。

➤ 文件夹命名不区分字母大小写，如 abc 和 ABC 是同一个文件夹名。

➤ 文件夹通常没有扩展名。

➤ 同一个文件夹下的文件夹不能同名。

知识精讲

如果想要查看文件夹的大小，可以用鼠标右键单击文件夹，在弹出的快捷菜单中选择【属性】菜单项，在弹出的【属性】对话框的【常规】选项卡中，即可查看文件夹的大小。

4.1.3 文件路径

文件或文件夹的路径表示文件或文件夹的位置，路径在表示的时候有绝对路径和相对路径两种方法。

绝对路径是从根文件夹开始的表示方法，根通常用"\"来表示，如 C:\Windows\System32 表示 C 盘中的 Windows 文件夹下的 System32 文件夹。根据文件或文件夹提供的路径，用户可以在电脑上找到该文件或文件夹的存放位置。图 4-4 所示为 C 盘中的 Windows 文件夹下的 System32 文件夹。

图 4-4

4.1.4　课堂范例——使用【此电脑】访问文件和文件夹

【此电脑】是 Windows 11 的资源管理器，可以查看电脑的所有资源，通过它的树形文件系统结构，可以访问电脑中的文件和文件夹。本节将详细介绍使用【此电脑】访问文件和文件夹的操作方法。

◀◀ 扫码看视频(本节视频课程时间：12 秒)

第 1 步　在 Windows 11 系统桌面上，用鼠标左键双击【此电脑】图标，如图 4-5 所示。

第 2 步　打开【此电脑】文件夹，双击【音乐】文件夹，如图 4-6 所示。

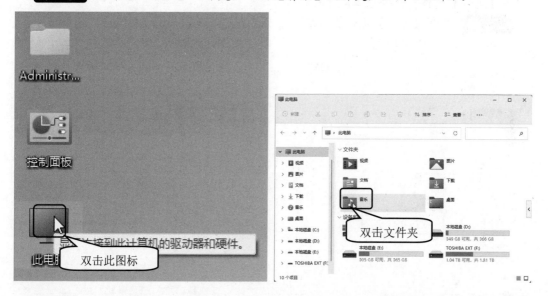

图 4-5　　　　　　　　　　　　　　　　图 4-6

第 3 步　打开【音乐】文件夹，可以查看其中的音乐文件，如图 4-7 所示。

图 4-7

4.1.5 课堂范例——从【快速访问】列表打开文件或文件夹

　　【快速访问】是 Windows 11 文件资源管理器中的一个系统文件夹。系统为每个用户建立了该文件夹,默认包含常用文件夹和最近使用的文件列表。本节将介绍从【快速访问】列表打开文件或文件夹的操作方法。

◀◀ 扫码看视频(本节视频课程时间：11 秒)

第 1 步 按 Win+E 组合键,打开【文件资源管理器】文件夹,在【快速访问】区域中双击【文档】文件夹,如图 4-8 所示。

第 2 步 打开【文档】文件夹,双击【音乐】文件夹,如图 4-9 所示。

图 4-8　　　　　　　　　　　　图 4-9

第 3 步 打开【音乐】文件夹,即可查看其中的音乐文件,如图 4-10 所示。

图 4-10

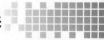

4.2　操作文件与文件夹

　　用户要想管理电脑中的数据，首先要掌握文件或文件夹的基本操作。文件或文件夹的基本操作包括创建文件或文件夹、打开文件或文件夹、复制和移动文件或文件夹、删除文件或文件夹、重命名文件或文件夹。

4.2.1　创建文件或文件夹

　　创建文件或文件夹是最基本的操作，下面详细介绍创建文件和文件夹的操作方法。

1. 创建文件

　　通过【新建】命令来创建新文件的方法非常简单，下面详细介绍其操作方法。

　　第 1 步　在文件夹窗口的空白处单击鼠标右键，*1.* 在弹出的快捷菜单中选择【新建】菜单项，*2.* 在弹出的子菜单中选择【Microsoft Word 文档】菜单项，如图 4-11 所示。

　　第 2 步　可以看到窗口中已经新建了一个 Word 文档，文档名称处于选中状态，此时可以输入新名称，如图 4-12 所示。

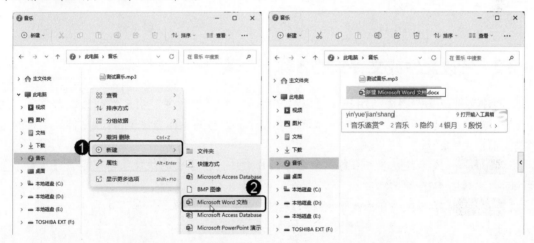

图 4-11　　　　　　　　　　　　　　　　　　图 4-12

　　第 3 步　按 Enter 键即可完成创建文件的操作，如图 4-13 所示。

图 4-13

2. 创建文件夹

在文件夹窗口空白处单击鼠标右键，在弹出的快捷菜单中选择【新建】→【文件夹】命令，将新创建一个文件夹，名称处于选中状态，输入新名称，按 Enter 键即可完成创建文件夹的操作，如图 4-14、图 4-15 所示。

图 4-14   图 4-15

4.2.2　修改文件或文件夹的名称

创建文件或文件夹后，用户还可以给文件或文件夹重命名，给文件或文件夹重命名的方法相同，下面以重命名文件为例，介绍给文件重命名的操作方法(与修改文件夹名称的方法相同)。

第1步　鼠标右键单击准备重命名的图片文件，在弹出的快捷菜单中单击【重命名】按钮，如图 4-16 所示。

第2步　可以看到名称处于被选中状态，此时输入新名称，如图 4-17 所示。

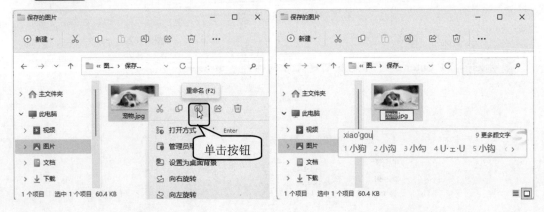

图 4-16   图 4-17

第 3 步　按 Enter 键即可完成修改文件名称的操作，如图 4-18 所示。

图 4-18

智慧锦囊

　　除了使用右键快捷菜单重命名文件或文件夹之外，用户还可以单击文件或文件夹的名称，对其进行重命名操作。

4.2.3　复制和移动文件或文件夹

　　复制和移动文件或文件夹的方法非常简单，复制和移动文件或文件夹的方法相同，本节以复制和移动文件为例，详细介绍复制和移动文件或文件夹的操作方法。

第 1 步　鼠标右键单击准备复制的文件，在弹出的快捷菜单中单击【复制】按钮，如图 4-19 所示。

第 2 步　在空白处单击鼠标右键，在弹出的快捷菜单中单击【粘贴】按钮，如图 4-20 所示。

图 4-19　　　　　　　　　　　　　　图 4-20

第 3 步　可以看到已经创建了一个文件副本，如图 4-21 所示。通过第 1～3 步即可完

成复制文件的操作。

第4步 鼠标右键单击准备移动的文件,在弹出的快捷菜单中单击【剪切】按钮✂,
如图 4-22 所示。

图 4-21　　　　　　　　　　　　图 4-22

第5步 打开【音乐】文件夹,鼠标右键单击空白处,在弹出的快捷菜单中单击【粘
贴】按钮,如图 4-23 所示。

第6步 可以看到已经将文件移动到该文件夹中,如图 4-24 所示。通过第 4~6 步即
可完成移动文件的操作。

图 4-23　　　　　　　　　　　　图 4-24

4.2.4　删除文件或文件夹

删除文件或文件夹的方法非常简单,二者的操作方法基本相同,下面以删除文件为例
详细介绍删除文件或文件夹的操作方法。

第1步 鼠标右键单击准备删除的文件,在弹出的快捷菜单中单击【删除】按钮,如
图 4-25 所示。

第2步 文件从文件夹中消失,如图 4-26 所示。

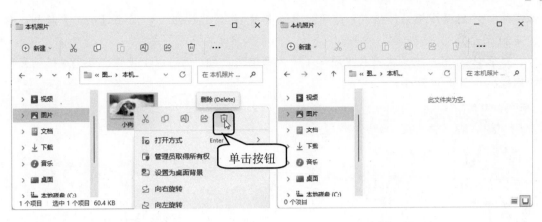

图 4-25　　　　　　　　　　　　　　图 4-26

通过以上步骤即可完成删除文件的操作。

4.2.5　课堂范例——压缩和解压缩文件或文件夹

　　对于特别大的文件或文件夹，用户可以进行压缩操作。经过压缩的文件或文件夹将占用更少的磁盘空间，有利于存储或更快速地传输到其他计算机上，以实现共享。用户可以利用 Windows 11 自带的压缩软件，对文件进行压缩和解压缩操作。

◀◀ 扫码看视频(本节视频课程时间：44 秒)

第 1 步　鼠标右键单击需要压缩的文件，在弹出的快捷菜单中选择【显示更多选项】菜单项，如图 4-27 所示。

第 2 步　在弹出的快捷菜单中选择 WinRAR→【添加到压缩文件】菜单项，如图 4-28 所示。

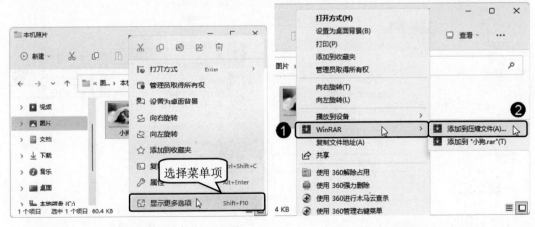

图 4-27　　　　　　　　　　　　　　图 4-28

第 3 步　弹出【压缩文件名和参数】对话框，**1.** 在【压缩文件名】下拉列表框中输

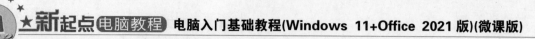

入名称，**2.** 在【压缩文件格式】选项组中选中 RAR 单选按钮，**3.** 单击【确定】按钮，如图 4-29 所示。

第4步 可以看到文件夹中添加了一个压缩文件包，通过以上步骤即可完成压缩文件的操作，如图 4-30 所示。

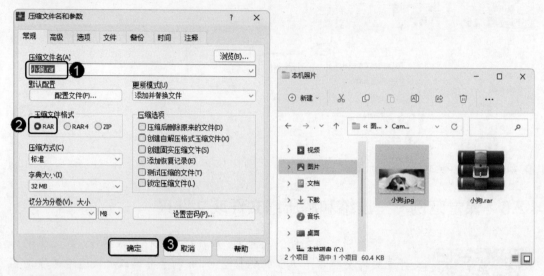

图 4-29   图 4-30

第5步 鼠标右键单击准备解压缩的压缩包，在弹出的快捷菜单中选择【显示更多选项】菜单项，如图 4-31 所示。

第6步 在弹出的快捷菜单中选择 WinRAR→【解压到"小狗"】菜单项，如图 4-32 所示。

图 4-31   图 4-32

第7步 可以看到文件夹中添加了一个名为"小狗"的文件夹，如图 4-33 所示。

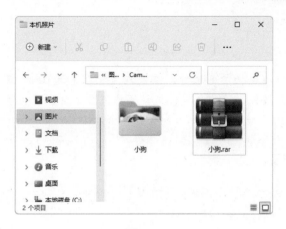

图 4-33

通过以上步骤即可完成解压缩文件的操作。

4.3　使用回收站

回收站是 Windows 操作系统里的一个系统文件夹，主要用来存放用户临时删除的文档资料，存放在回收站中的文件可以被恢复。用好和管理好回收站、打造富有个性功能的回收站可以更加方便我们日常的文档维护工作。本节将介绍回收站的相关知识。

4.3.1　还原回收站中的文件

回收站中的内容可以还原至原来的存储位置，还原回收站中的内容非常简单，下面详细介绍还原回收站中内容的操作方法。

第1步 在系统桌面上双击【回收站】图标，如图 4-34 所示。

第2步 打开【回收站】窗口，鼠标右键单击准备还原的文件，在弹出的快捷菜单中选择【还原】菜单项，即可完成还原回收站中文件的操作，如图 4-35 所示。

图 4-34

图 4-35

智慧锦囊

　　用户还可以选中准备还原的文件，切换到【管理】选项卡，在【还原】组中单击【还原选中的项目】按钮，这样也能使文件还原到原来的保存位置。

4.3.2　清空回收站

　　如果回收站中的内容不准备保留了，用户可以将回收站清空，从而达到节省内存空间的目的，下面介绍清空回收站的操作方法。

　　第1步　在系统桌面上右键单击【回收站】图标，在弹出的快捷菜单中选择【显示更多选项】菜单项，如图 4-36 所示。

　　第2步　在弹出的快捷菜单中选择【清空回收站】菜单项，如图 4-37 所示。

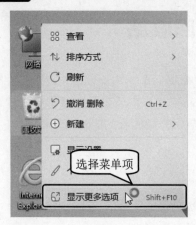

图 4-36

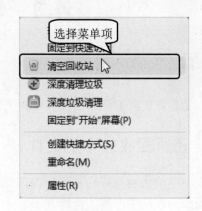

图 4-37

　　第3步　弹出【删除多个项目】对话框，提示"确实要永久删除这 2 项吗？"信息，单击【是】按钮，如图 4-38 所示。

图 4-38

　　第4步　通过以上步骤即可完成清空回收站的操作，如图 4-39 所示。

图 4-39

4.4　实践案例与上机指导

通过本章的学习，读者基本可以掌握管理电脑文件和文件夹的基础知识以及一些常规的操作方法，下面将通过练习操作，来帮助读者达到巩固学习、拓展提高的目的。

4.4.1　隐藏和显示文件或文件夹

如果文件夹中保存了重要的内容，可以将其隐藏，从而保证资料的安全。隐藏和显示文件或文件夹的方法相同，下面以隐藏和显示文件为例，介绍隐藏和显示文件或文件夹的操作方法。

◀◀ 扫码看视频(本节视频课程时间：29 秒)

第 1 步 鼠标右键单击准备隐藏的文件，在弹出的快捷菜单中选择【属性】菜单项，如图 4-40 所示。

第 2 步 打开属性对话框，**1.** 切换到【常规】选项卡，**2.** 在【属性】区域中选中【隐藏】复选框，**3.** 单击【确定】按钮，如图 4-41 所示。

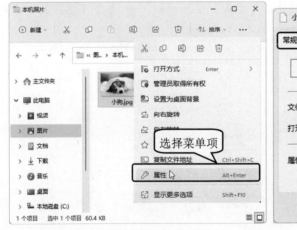

图 4-40

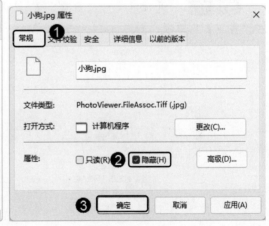

图 4-41

第 3 步 可以看到文件夹中的文件已经消失，这样即可完成隐藏文件的操作。若想显示已隐藏的文件，**1.** 单击【查看】下拉按钮，**2.** 选择【显示】→【隐藏的项目】菜单项，如图 4-42 所示。

第 4 步 可以看到被隐藏的文件又重新显示，如图 4-43 所示。

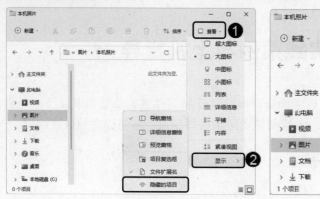

图 4-42

图 4-43

通过以上步骤即可完成显示文件的操作。

4.4.2 显示文件的扩展名

在 Windows 11 中，常用的文件格式扩展名是不显示的，需要用户自己手动进行显示设置，下面将详细介绍显示文件扩展名的操作方法。

◀◀ 扫码看视频(本节视频课程时间：9 秒)

第1步 打开任意文件夹窗口，*1.* 单击【查看】下拉按钮，*2.* 选择【显示】→【文件扩展名】菜单项，如图 4-44 所示。

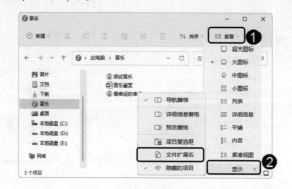

图 4-44

第2步 可以看到文件显示了扩展名，如图 4-45 所示。

图 4-45

4.4.3 加密文件或文件夹

在 Windows 11 中，用户还可以为文件或文件夹加密，从而防止他人修改或查看保密文件。下面以加密文件为例介绍加密文件或文件夹的操作方法。

◀◀ 扫码看视频(本节视频课程时间：22 秒)

第1步 鼠标右键单击准备加密的文件，在弹出的快捷菜单中选择【属性】菜单项，如图 4-46 所示。

第2步 弹出属性对话框，在【常规】选项卡的【属性】区域中单击【高级】按钮，如图 4-47 所示。

图 4-46

图 4-47

第3步 弹出【高级属性】对话框，**1.** 选中【加密内容以便保护数据(E)】复选框，**2.** 单击【确定】按钮即可完成加密文件的操作，如图 4-48 所示。

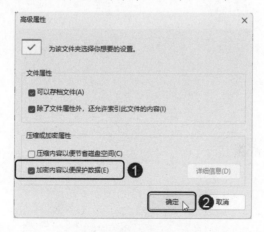

图 4-48

4.5　思考与练习

一、填空题

1. 电脑中的主要存储设备为硬盘，但是硬盘不能直接存储资料，需要将其划分为多个空间，而划分出的空间即为_____。

2. 在 Windows 11 系统中，文件名由_____和_____构成，它们之间用标点符号"."隔开。

二、判断题

1. 在 Windows 11 系统中，文件夹是单个名称在电脑中存储信息的集合，是最基础的存储单位。　　　　　　　　　　　　　　　　　　　　　　　　　（　　）

2. 文件和文件夹的路径表示文件或文件夹的位置，路径在表示的时候有绝对路径和相对路径两种方法。　　　　　　　　　　　　　　　　　　　　　　（　　）

三、思考题

1. 如何创建文件？

2. 如何清空回收站？

新起点
电脑教程

第**5**章

设置个性化的操作环境

本章要点

　□　设置系统显示效果
　□　设置个性化桌面

本章主要内容

　　本章主要介绍设置系统显示效果和设置个性化桌面的知识与技巧，在本章的最后还针对实际工作需求，讲解设置桌面图标的大小和排列方式、设置任务栏靠左显示和将程序取消或固定在任务栏的方法。通过本章的学习，读者可以掌握设置个性化的 Windows 11 操作环境方面的知识，为深入学习 Windows 11 和 Office 2021 知识奠定基础。

5.1 设置系统显示效果

对于电脑的显示效果，用户可以进行个性化的操作，如设置电脑屏幕的分辨率、添加或删除通知区域显示的图标、启动或关闭系统图标以及设置显示的应用通知等。本节将详细介绍有关电脑显示设置方面的知识。

5.1.1 调整屏幕分辨率

显示器的分辨率是指单位面积显示像素的数量，刷新率是指每秒画面被刷新的次数，合理地设置显示器的分辨率和刷新率可以保证电脑画面的显示质量，也可以有效地保护使用者的视力。下面介绍设置显示器分辨率和刷新率的方法。

第 1 步 鼠标右键单击桌面空白处，在弹出的快捷菜单中选择【显示设置】菜单项，如图 5-1 所示。

第 2 步 打开【设置】窗口，切换到【系统】设置界面，进入【屏幕】界面，*1.* 单击【显示器分辨率】下拉按钮，*2.* 在弹出的下拉列表中选择一个分辨率即可完成调整屏幕分辨率的操作，如图 5-2 所示。

图 5-1

图 5-2

 智慧锦囊

更改屏幕分辨率会影响登录到此计算机上的所有用户，如果将监视器设置为其不支持的屏幕分辨率，那么该屏幕就会在几秒内变为黑色，监视器也将还原为原始分辨率。

5.1.2 设置通知区域的图标

通知区域位于任务栏的右侧，包含了常用的图标，如网络、音量、输入法及日期和时间等。通知区域的图标也可以根据用户的需要进行隐藏或显示。下面详细介绍显示通知区域图标的操作方法。

第 1 步 鼠标右键单击任务栏空白处，在弹出的快捷菜单中选择【任务栏设置】菜单项，如图 5-3 所示。

第 2 步 打开【设置】窗口，切换到【个性化】设置界面，进入【任务栏】界面，单击【其他系统托盘图标】右侧的 ⌄ 按钮，在展开的下拉列表中设置各系统图标的开关，如图 5-4 所示。

图 5-3   图 5-4

第 3 步 返回到系统桌面，可以看到通知区域中显示了刚刚设置为开的图标，如图 5-5 所示。

图 5-5

新起点电脑教程 **电脑入门基础教程(Windows 11+Office 2021 版)(微课版)**

📖 **知识精讲**

　　程序图标右侧的开关按钮为【开】，则其在任务栏中显示；程序图标右侧的开关按钮为【关】，则其会隐藏起来，单击【显示隐藏的图标】按钮 ⋀，可以看到隐藏的图标。用户可以拖曳通知区域的图标至隐藏区域，也可以将隐藏区域的图标拖曳至通知区域。

5.1.3　启动或关闭系统托盘图标

　　系统托盘是一个特殊区域，通常在桌面的底部，在系统托盘里用户可以随时访问正在运行中的程序。在每个系统里，托盘是桌面环境里所有正在运行的应用程序共享的区域。下面详细介绍启动或关闭系统托盘图标的方法。

　　第1步 鼠标右键单击任务栏空白处，在弹出的快捷菜单中选择【任务栏设置】菜单项，如图 5-6 所示。

　　第2步 打开【设置】窗口，切换到【个性化】设置界面，进入【任务栏】界面，单击【系统托盘图标】右侧的 ⌄ 按钮，在展开的下拉列表中设置各系统图标的开关，如图 5-7 所示。

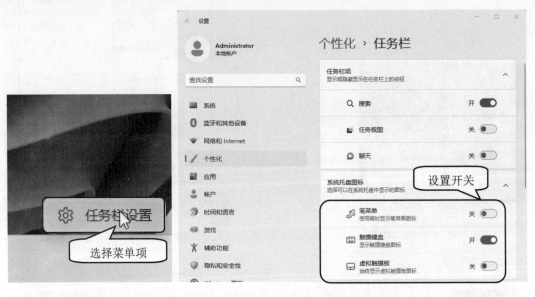

图 5-6　　　　　　　　　　　　　　　　　图 5-7

　　第3步 返回到系统桌面中，可以看到通知区域中显示了刚刚设置为开的系统图标，如图 5-8 所示。

图 5-8

5.2　设置个性化桌面

桌面是打开电脑并登录 Windows 之后看到的主屏幕区域，用户可以对它进行个性化设置，让屏幕看起来更漂亮、更舒服。Windows 11 操作系统的个性化设置主要包括桌面、背景主题色、锁屏界面、屏幕超时等内容。

5.2.1　设置桌面背景和颜色

桌面背景可以是个人收集的数字图片、纯色或带有颜色框架的图片，也可以是幻灯片图片。下面详细介绍设置桌面背景和颜色的操作方法。

第1步　鼠标右键单击桌面空白处，在弹出的快捷菜单中选择【个性化】菜单项，如图 5-9 所示。

第2步　打开【设置】窗口，切换到【个性化】设置界面，选择【背景】选项，如图 5-10 所示。

图 5-9

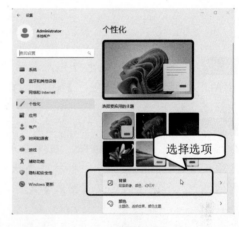

图 5-10

第3步　进入【背景】界面，在【最近使用的图像】区域下，包含了 5 张系统自带的图片，单击要设置的背景图片即可，如图 5-11 所示。

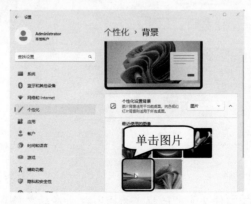

图 5-11

第4步 如果用户希望将自己喜欢的图片设置为桌面背景，可以将图片存储到电脑中，然后单击【背景】界面下方的【浏览照片】按钮，如图 5-12 所示。

第5步 弹出【打开】对话框，用户可以在电脑中选择图片作为桌面背景，如图 5-13 所示。

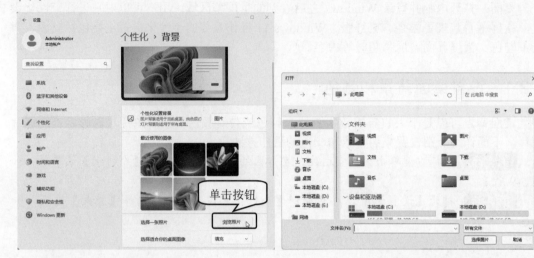

图 5-12   图 5-13

第6步 用户还可以将纯色作为桌面背景，*1.* 单击【个性化设置背景】下拉按钮，*2.* 在弹出的下拉列表中选择【纯色】选项，*3.* 在【选择你的背景色】区域中选择喜欢的颜色即可，如图 5-14 所示。

第7步 如果觉得一直展示同一桌面背景有些单调，可以使用"幻灯片放映"模式。单击【个性化设置背景】下拉按钮，在弹出的下拉列表中选择【幻灯片放映】选项，可以在下方区域设置图片的切换频率、播放顺序及契合度等，系统默认选择并放映的是【图片】文件夹内的图片，如果要自定义【图片】文件夹，可以单击【浏览】按钮，如图 5-15 所示。

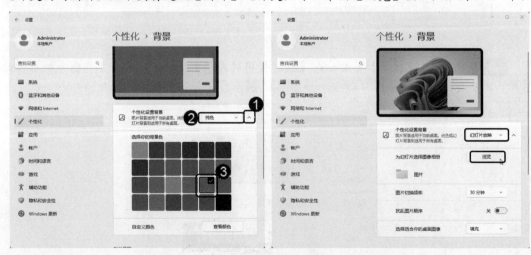

图 5-14   图 5-15

第8步 弹出【选择文件夹】对话框，选择图片所在的文件夹，单击【选择此文件夹】

按钮即可完成设置，如图 5-16 所示。

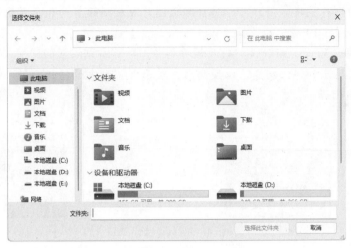

图 5-16

5.2.2　设置锁屏界面

Windows 11 操作系统的锁屏功能主要用于保护电脑的隐私安全，又可以保证在不关机的情况下省电，其锁屏所用的图片被称为锁屏界面。用户可以根据自己的喜好，设置锁屏界面的背景、显示状态的应用等。下面详细介绍设置锁屏界面的操作方法。

第 1 步 鼠标右键单击桌面空白处，在弹出的快捷菜单中选择【个性化】菜单项，如图 5-17 所示。

第 2 步 打开【设置】窗口，切换到【个性化】设置界面，选择【锁屏界面】选项，如图 5-18 所示。

图 5-17

图 5-18

第 3 步 用户可以将锁屏界面的背景设置为 Windows 聚焦、图片和幻灯片放映 3 种方式。设置为 Windows 聚焦，系统会根据用户的使用习惯联网下载壁纸，并将其作为锁屏界

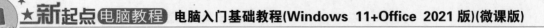

面的背景;设置为图片,用户也可以选择将系统自带或电脑本地的图片设置为锁屏界面的背景;设置为幻灯片放映,用户可以将自定义图片或相册设置为锁屏界面的背景,并以幻灯片形式展示。图 5-19 所示为选择【Windows 聚焦】选项。

第4步 按 Win+L 组合键,打开锁屏界面,即可看到设置的背景,用户可以设置应用在锁屏界面上显示的详细状态,以便向用户展示即将到来的日历安排、邮件以及天气等通知,如图 5-20 所示。

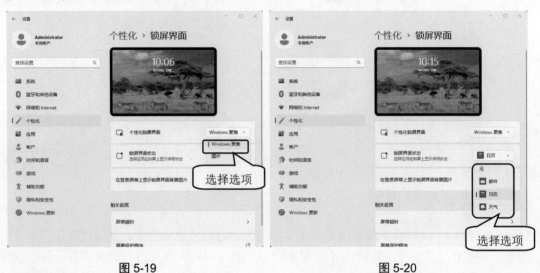

图 5-19   图 5-20

智慧锦囊

选择【Windows 聚焦】选项,可以在【预览】区域查看设置的锁屏图片样式,还可以设置是否在登录屏幕上显示锁屏界面背景图片。

5.2.3 设置屏幕超时

当在指定的一段时间内没有使用鼠标和键盘后,屏幕将自动关闭以降低电脑耗电,帮助用户改善电池续航时间并减少碳排放,用户可以根据自身需要设置多长时间不使用鼠标和键盘后,屏幕将关闭,最短可设置为 5 分钟,也可以设置为【从不】。设置屏幕超时的方法非常简单,下面详细介绍设置屏幕超时的操作方法。

第1步 鼠标右键单击桌面空白处,在弹出的快捷菜单中选择【个性化】菜单项,如图 5-21 所示。

第2步 打开【设置】窗口,切换到【个性化】设置界面,选择【锁屏界面】选项,如图 5-22 所示。

第3步 进入锁屏界面,选择【屏幕超时】选项,如图 5-23 所示。

第4步 再切换到【系统】设置界面,然后进入【电源】界面,*1.* 单击展开【屏幕和睡眠】选项,*2.* 设置【接通电源后,将关闭屏幕】为【从不】,*3.* 设置【接通电源后,将设备置于睡眠状态】为【从不】,如图 5-24 所示。

图 5-21

图 5-22

图 5-23

图 5-24

5.2.4　课堂范例——设置主题

系统主题是桌面背景、窗口颜色、声音及鼠标指针的组合。Windows 11 采用了新的主题方案，包括无边框设计的窗口、扁平化设计的图标等，更具现代感。本节将介绍如何设置系统主题。

◀◀ 扫码看视频(本节视频课程时间：1 分 01 秒)

第1步　鼠标右键单击桌面空白处，在弹出的快捷菜单中选择【个性化】菜单项，如图 5-25 所示。

第2步　打开【设置】窗口，切换到【个性化】设置界面，其中【选择要应用的主题】上方为当前主题的预览图，下方包含了 6 个主题，单击其中一个主题，如图 5-26 所示。

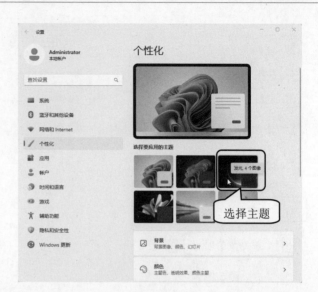

图 5-25   图 5-26

第3步 按 Win+D 组合键显示桌面，可以看到应用的主题效果，如图 5-27 所示。

第4步 对于包含多个桌面背景的主题，可以在桌面空白处单击鼠标右键，在弹出的快捷菜单中选择【下一个桌面背景】菜单项，如图 5-28 所示。

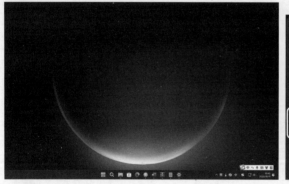

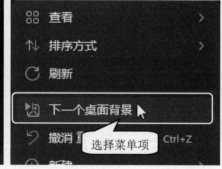

图 5-27   图 5-28

第5步 如果要对主题进行详细设置，可以在【个性化】设置界面中选择【主题】选项，如图 5-29 所示。

第6步 主题区域显示了当前主题，单击下方的【背景】【颜色】【声音】【鼠标光标】按钮，可以对相关内容进行自定义设置，此处单击【颜色】按钮，如图 5-30 所示。

第7步 进入【颜色】界面，选择喜欢的颜色，系统颜色就会发生变化，如面板和对话框的边框颜色、高亮显示的文字及图标的颜色等，如图 5-31 所示。

第8步 返回【主题】界面，单击【保存】按钮，如图 5-32 所示。

第9步 在弹出的【保存主题】对话框中输入主题名称，单击【保存】按钮就可以将自定义的方案保存，如图 5-33 所示。

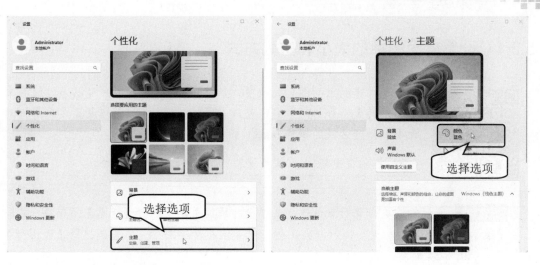

图 5-29　　　　　　　　　　　　　　　　图 5-30

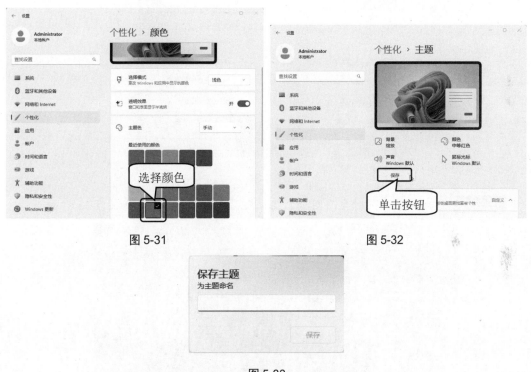

图 5-31　　　　　　　　　　　　　　　　图 5-32

图 5-33

5.3　实践案例与上机指导

通过本章的学习，读者基本可以掌握设置个性化 Windows 11 操作环境的基础知识以及一些常规的操作方法，下面将通过练习操作，来帮助读者达到巩固学习、拓展提高的目的。

5.3.1 设置桌面图标的大小和排列方式

如果桌面上的图标比较多，会显得很乱，这时用户可以通过设置桌面图标的大小和排列方式来整理桌面。本节将详细介绍设置桌面图标的大小和排列方式的操作方法。

◀◀ 扫码看视频(本节视频课程时间：33 秒)

第1步 鼠标右键单击桌面空白处，在弹出的快捷菜单中选择【查看】菜单项，在弹出的子菜单中有 3 种图标大小，包括大图标、中等图标和小图标。本案例选择【大图标】菜单项，如图 5-34 所示。

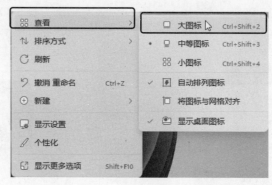

图 5-34

第2步 返回桌面，此时桌面图标已经以大图标的方式显示，如图 5-35 所示。

图 5-35

第3步 鼠标右键单击桌面空白处，在弹出的快捷菜单中选择【排序方式】菜单项，在弹出的子菜单中有 4 种排序方式，分别为【名称】、【大小】、【项目类型】和【修改日期】。本案例选择【名称】菜单项，如图 5-36 所示。

图 5-36

第 4 步 返回桌面，此时桌面图标已经按名称进行排序，如图 5-37 所示。

图 5-37

智慧锦囊

单击桌面的任意位置，按住 Ctrl 键，向上滚动鼠标滑轮，则缩小图标；向下滚动鼠标滑轮，则放大图标。

5.3.2　设置任务栏靠左显示

在 Windows 11 中，默认情况下【开始】按钮和任务栏居中显示，如果用户喜欢靠左显示的方式，则可以调整它们的显示位置，从而达到提高电脑操作效率的目的。

◀◀ 扫码看视频(本节视频课程时间：21 秒)

第 1 步 在任务栏的空白处单击鼠标右键，在弹出的快捷菜单中选择【任务栏设置】菜单项，如图 5-38 所示。

第 2 步 打开【设置】窗口，切换到【个性化】设置界面，进入【任务栏】界面，*1.* 单

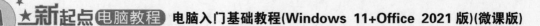

击【任务栏对齐方式】下拉按钮，2. 选择【靠左】选项，如图 5-39 所示。

图 5-38   图 5-39

第 3 步 返回桌面，可以看到【开始】按钮、【开始】菜单和任务栏都已经靠左显示，如图 5-40 所示。

图 5-40

5.3.3 将程序取消或固定在任务栏

在 Windows 11 中，任务栏中的快速启动区域包含多个程序图标，用户可以根据需求将不常用的程序图标从任务栏中取消固定，也可以将常用的程序图标固定在任务栏中，方便快速启动。

◀◀ 扫码看视频(本节视频课程时间：30 秒)

第 1 步 在任务栏中，鼠标右键单击要取消固定的程序图标，如 Microsoft Store 图标，在弹出的快捷菜单中选择【从任务栏取消固定】菜单项，如图 5-41 所示。

第 2 步 可以看到 Microsoft Store 图标已经从任务栏上消失，如图 5-42 所示。

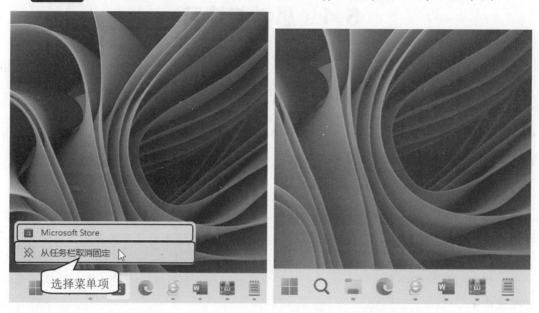

图 5-41　　　　　　　　　　　　　　　　图 5-42

第 3 步 在任务栏中，鼠标右键单击某个已经打开的程序图标，如【记事本】图标▤，在弹出的快捷菜单中选择【固定到任务栏】菜单项，即可将程序固定到任务栏，如图 5-43 所示。

图 5-43

5.4 思考与练习

一、填空题

1. 显示器的分辨率是指单位面积_____的数量,刷新率是指每秒画面_____的次数,合理地设置显示器的分辨率和刷新率可以保证电脑画面的显示质量,也可以有效地保护使用者的视力。

2. 桌面背景可以是个人收集的数字图片、_____的图片,也可以是幻灯片图片。

二、判断题

1. 更改屏幕分辨率会影响登录到此计算机上的所有用户,如果将监视器设置为它不支持的屏幕分辨率,那么该屏幕就会在几秒内变为黑色,监视器也将还原为原始分辨率。
( )

2. 通知区域位于任务栏的左侧,包含了常用的图标,如网络、音量、输入法及日期和时间操作等。
( )

三、思考题

1. 如何设置任务栏靠左显示?
2. 如何启动或关闭系统托盘图标?

新起点

电脑教程

第6章

管理与应用电脑中的软件

本章要点

- 📖 获取电脑软件的途径
- 📖 卸载软件
- 📖 查找安装的软件

本章主要内容

　　本章主要介绍获取电脑软件的途径和卸载软件方面的知识与技巧，同时还讲解如何查找安装的软件，在本章的最后还针对实际工作需求，讲解安装更多字体和设置默认打开程序的方法。通过本章的学习，读者可以掌握管理与应用电脑中的软件方面的知识，为深入学习 Windows 11 和 Office 2021 知识奠定基础。

6.1 获取电脑软件的途径

安装软件的前提是要有软件安装程序,一般是.exe 程序文件,软件安装程序基本上都是以 setup.exe 命名的,安装文件的获取方法也是多样的,本节将详细介绍获取电脑软件的操作方法。

6.1.1 从应用商店下载

Windows 11 操作系统中添加了 Microsoft Store 功能,用户可以在 Microsoft Store 中获取安装软件包。下面详细介绍从 Microsoft Store 下载软件的方法。

第1步 在系统桌面上, **1.** 单击【开始】按钮, **2.** 在弹出的【开始】菜单中单击 Microsoft Store 程序图标,如图 6-1 所示。

第2步 打开 Microsoft Store 窗口, **1.** 在搜索框中输入准备下载的软件名称, **2.** 在下拉提示框中单击该软件,如图 6-2 所示。

图 6-1

图 6-2

第3步 进入软件页面,单击【获取】按钮,如图 6-3 所示。

图 6-3

第4步 软件下载和安装需要等待一段时间，完成安装后页面上会出现【打开】按钮，单击该按钮即可打开软件，如图 6-4 所示。

图 6-4

6.1.2　从官方网站下载

官方网站简称官网，是公开团体主办者体现其意志想法，团体信息公开，并具有专用、权威、公开性质的一种网站。从官网上下载安装软件包是最常用的方法。下面详细介绍从官方网站下载软件的方法。

第1步 打开浏览器，打开软件的官方网站，如"微信"，单击 Windows 按钮，如图 6-5 所示。

图 6-5

第2步 进入下载页面，单击【立即下载】按钮，如图 6-6 所示。

第3步 弹出【新建下载任务】对话框，**1.** 在【下载到】下拉列表框中输入下载路径，**2.** 单击【下载】按钮，如图 6-7 所示。

图 6-6   图 6-7

第4步 下载完成后系统会有如下提示，如图 6-8 所示。

图 6-8

6.1.3　通过电脑管理软件下载

使用电脑管理软件或者自带的软件管理工具也可以下载和安装软件，如常用的 360 软件管家、腾讯电脑管家等。图 6-9 所示即为使用 360 软件管家下载软件。

图 6-9

6.1.4　课堂范例——安装软件的方法

下载好软件后，就可以将该软件安装到电脑中了。使用安装光盘或者从官网下载软件后，需要对其进行安装；而在电脑管理软件中下载要安装的软件后，系统会自动安装。下面以安装微信电脑版为例，介绍安装软件的一般步骤。

◄◄ 扫码看视频(本节视频课程时间：21 秒)

第 1 步 打开 6.1.2 小节中下载文件所在的文件夹，双击名称为 WeChatSetup.exe 的文件，如图 6-10 所示。

第 2 步 弹出程序加载框，并显示加载进度，如图 6-11 所示。

图 6-10

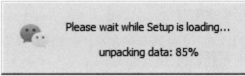

图 6-11

第 3 步 加载完毕后，弹出安装界面，单击【安装】按钮，如图 6-12 所示。

第 4 步 软件开始安装，显示安装进度，等待一段时间，如图 6-13 所示。

图 6-12

图 6-13

第 5 步 安装完成后，单击【开始使用】按钮即可运行该软件，如图 6-14 所示。

图 6-14

6.1.5　课堂范例——自动检测升级

软件不是一成不变的，而是一直处于升级状态，特别是杀毒软件的病毒库，必须不断升级。软件升级主要分为自动检测升级和使用第三方软件升级两种。本节以 360 安全卫士为例介绍自动检测升级的操作方法。

◄◄ 扫码看视频(本节视频课程时间：20 秒)

第1步　鼠标右键单击桌面通知区域的【360 安全卫士】图标，在弹出的快捷菜单中执行【升级】→【程序升级】命令，如图 6-15 所示。

第2步　弹出【360 安全卫士-升级】对话框，并自动检测新版本，检测到新版本后弹出可升级信息，选择要升级的版本，单击【升级】按钮，如图 6-16 所示。

图 6-15

图 6-16

第3步　弹出【下载新版本】界面，显示下载的进度，如图 6-17 所示。

第4步　下载完毕后即可进行安装，安装时界面会显示进度，如图 6-18 所示。

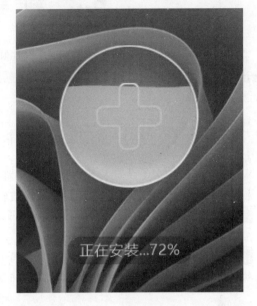

图 6-17

图 6-18

6.1.6　课堂范例——使用第三方软件升级

用户可以通过第三方软件升级软件，例如 360 软件管家和腾讯电脑管家等。下面以 360 软件管家为例简单介绍如何利用第三方升级软件的操作。

◀◀ 扫码看视频(本节视频课程时间：1 分 03 秒)

打开 360 软件管家界面，切换到【升级】选项卡，在界面中显示了可以升级的软件，单击【一键升级】按钮即可完成升级操作，如图 6-19 所示。

图 6-19

6.2 卸 载 软 件

当安装的软件不再需要时，用户可以将其卸载以便腾出更多的空间来安装需要的软件。在 Windows 操作系统中，用户可以通过【设置】窗口、【所有应用】列表以及第三方软件等方法卸载软件。

6.2.1 通过【设置】窗口卸载软件

Windows 11 中的【设置】窗口集成了控制面板的主要功能，用户可以在【设置】窗口中卸载软件。下面介绍通过【设置】窗口卸载软件的方法。

第 1 步 按 Win+I 组合键，打开【设置】窗口，切换到【应用】设置界面，单击【安装的应用】按钮，如图 6-20 所示。

第 2 步 进入【安装的应用】界面，即可看到应用列表，*1.* 在应用列表中单击准备卸载的软件右侧的 ⋯ 按钮，*2.* 在弹出的菜单中选择【卸载】菜单项，如图 6-21 所示。

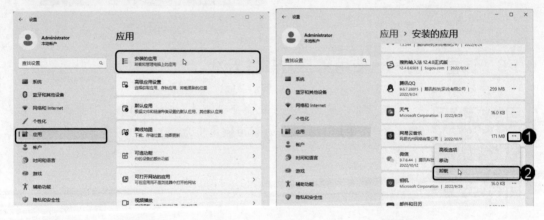

图 6-20　　　　　　　　　　　　　　　　图 6-21

第 3 步 弹出提示对话框，单击【卸载】按钮即可卸载软件，如图 6-22 所示。

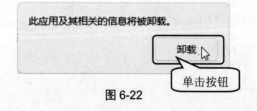

图 6-22

**智慧锦囊**

不同的软件在卸载时选项会稍有不同，请注意选择，按提示卸载软件即可。单击【开始】按钮，打开【开始】菜单，单击【设置】按钮，也可以打开【设置】窗口。

6.2.2 在【所有应用】列表中卸载软件

软件安装完成后，会自动显示在【所有应用】列表中，如果需要卸载，可以在【所有应用】列表中查找。本节将介绍在【所有应用】列表中卸载软件的方法。

第 1 步 按 Win 键，打开【开始】菜单，单击【所有应用】按钮，如图 6-23 所示。

第 2 步 在【所有应用】列表中，鼠标右键单击要卸载的软件，如【地图】软件，在弹出的快捷菜单中选择【卸载】菜单项，如图 6-24 所示。

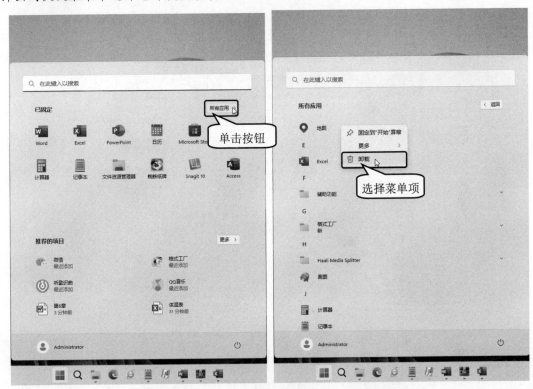

图 6-23 图 6-24

第 3 步 弹出提示对话框，单击【卸载】按钮即可卸载软件，如图 6-25 所示。

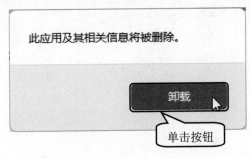

图 6-25

6.2.3　课堂范例——使用第三方软件卸载

　　用户还可以使用第三方软件，如 360 软件管家、腾讯电脑管家等卸载不需要的软件。下面详细介绍使用 360 软件管家卸载电脑软件的操作方法。

◀◀ 扫码看视频(本节视频课程时间：17 秒)

第1步　启动 360 软件管家，*1.* 切换到【卸载】选项卡，*2.* 可以看到计算机中已经安装的软件，单击需要卸载软件右侧的【一键卸载】按钮，如图 6-26 所示。

图 6-26

第2步　等待提示卸载完成即可，如图 6-27 所示。

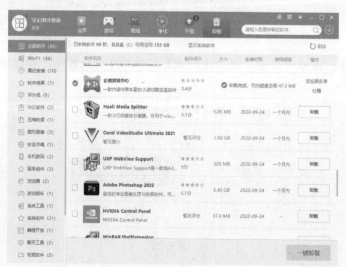

图 6-27

6.3　查找安装的软件

软件安装完毕后，用户可以在电脑中查找安装的软件，包括通过【所有应用】列表查找安装的软件、按照软件首字母查找安装的软件等。

6.3.1　通过【所有应用】列表查找软件

在 Windows 11 操作系统中，最常用的查看软件的方式就是在【所有应用】列表中查看。下面介绍通过【所有应用】列表查看软件的方法。

第 1 步　*1.* 在桌面上单击【开始】按钮，打开【开始】菜单，*2.* 单击【所有应用】按钮，如图 6-28 所示。

第 2 步　打开【所有应用】列表，即可在列表中查看计算机中的所有软件，如图 6-29 所示。

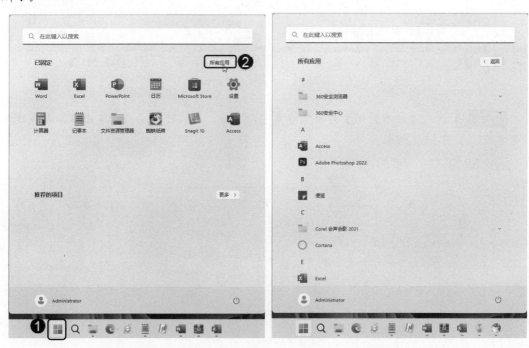

图 6-28　　　　　　　　　　　　　　　　　　　图 6-29

6.3.2　按照软件首字母查找软件

如果知道软件的首字母，用户还可以利用首字母来查找软件。下面详细介绍按照软件首字母查找软件的方法。

第 1 步　*1.* 在桌面上单击【开始】按钮，打开【开始】菜单，*2.* 单击【所有应用】按钮，如图 6-30 所示。

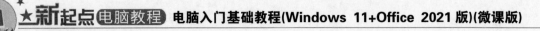

第2步 打开【所有应用】列表，单击任意软件上方的首字母，如"A"，如图 6-31 所示。

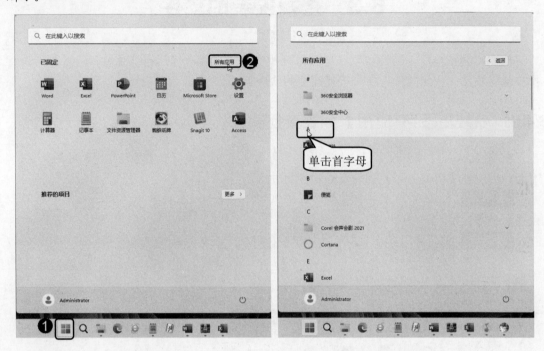

图 6-30　　　　　　　　　　　　　　图 6-31

第3步 进入【所有应用】列表软件首字母界面，用户可以在其中单击准备查找软件的首字母，如图 6-32 所示。

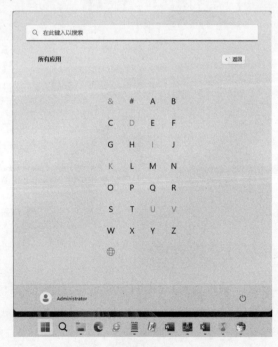

图 6-32

6.4　实践案例与上机指导

通过本章的学习，读者基本可以掌握管理与应用电脑软件的基础知识以及一些常规的操作方法，下面将通过练习操作，来帮助读者达到巩固学习、拓展提高的目的。

6.4.1　安装更多字体

除了 Windows 11 中自带的字体外，用户还可以自行安装字体。安装字体的方法主要有 3 种：鼠标右键安装、复制到系统字体文件夹安装以及作为快捷方式安装。本节将介绍安装字体的方法。

◀◀ 扫码看视频(本节视频课程时间：56 秒)

(1) 右键安装。

鼠标右键单击要安装的字体，在弹出的快捷菜单中选择【安装】菜单项，即可安装字体，如图 6-33 所示。

(2) 复制到系统字体文件夹安装。

复制要安装的字体，打开【此电脑】窗口，在地址栏中输入"C:/Windows/Fonts"，按 Enter 键进入 Windows 字体文件夹，将字体粘贴到文件夹里即可，如图 6-34 所示。

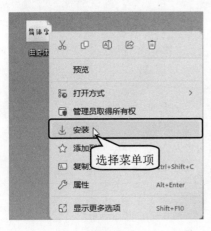

图 6-33

图 6-34

(3) 作为快捷方式安装。

第 1 步　打开【此电脑】窗口，在地址栏中输入"C:/Windows/Fonts"，按 Enter 键进入 Windows 字体文件夹，单击【字体设置】超链接，如图 6-35 所示。

第 2 步　打开【字体设置】对话框，*1.* 选中【允许使用快捷方式安装字体】复选框，*2.* 单击【确定】按钮，如图 6-36 所示。

图 6-35

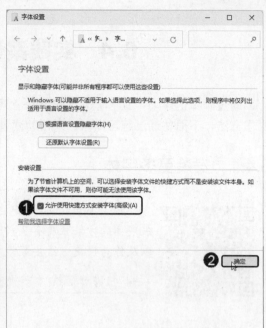

图 6-36

第3步 鼠标右键单击要安装的字体，在弹出的快捷菜单中选择【显示更多选项】菜单项，如图 6-37 所示。

第4步 在弹出的快捷菜单中选择【为所有用户的快捷方式】菜单项，如图 6-38 所示。

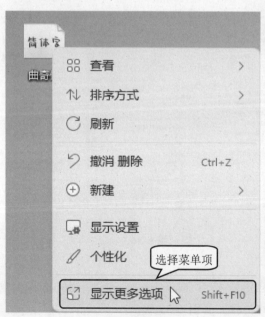

图 6-37

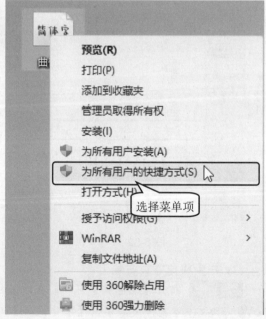

图 6-38

6.4.2　设置默认打开程序

在使用电脑时，用户如果希望某个软件作为某个类型文件默认打开，可以对其进行更改。下面以修改电脑默认视频播放器为例，介绍更改默认打开程序的方法。

◀◀ 扫码看视频(本节视频课程时间：26 秒)

第 1 步　鼠标右键单击电脑中的任意视频文件，在弹出的快捷菜单中选择【打开方式】→【选择其他应用】菜单项，如图 6-39 所示。

第 2 步　弹出【你要如何打开这个文件？】对话框，**1.** 选择一个软件，如【媒体播放器】软件，**2.** 选中【始终使用此应用打开.mp4 文件】复选框，**3.** 单击【确定】按钮，即可完成设置默认打开程序的操作，如图 6-40 所示。

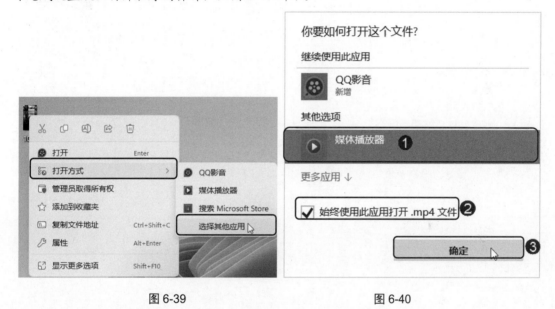

图 6-39　　　　　　　　　　　　　　　图 6-40

6.5　思考与练习

一、填空题

1. 获取电脑软件的途径包括从应用商店下载、_____以及通过电脑管理软件下载。

2. 卸载电脑软件的方法包括_____、在【所有应用】列表中卸载软件，以及使用第三方软件卸载。

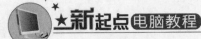

二、判断题

1. 软件不是一成不变的，而是一直处于升级状态，特别是杀毒软件的病毒库，必须不断升级。软件升级主要分为自动检测升级和使用第三方软件升级两种。　　（　　）

2. 安装软件的前提是要有软件安装程序，一般是.exe 程序文件，软件安装程序基本上都是以 setup.exe 命名的，安装软件只有一种方法。　　（　　）

三、思考题

1. 如何自动检测升级软件？

2. 如何使用第三方软件卸载软件？

新起点

电脑教程

第 7 章

轻松学习电脑打字

本章要点

- 📖 汉字输入基础
- 📖 管理输入法
- 📖 使用拼音输入法
- 📖 使用五笔字型输入法

本章主要内容

　　本章主要介绍汉字输入基础、管理输入法和使用拼音输入法方面的知识与技巧，同时还讲解如何使用五笔字型输入法，在本章的最后针对实际工作需求，讲解输入陌生字和简繁切换的方法。通过本章的学习，读者可以掌握电脑打字方面的知识，为深入学习 Windows 11 和 Office 2021 知识奠定基础。

7.1 汉字输入基础

汉字输入法是指为了将汉字输入到电脑等电子设备而采用的一种编码方法，是输入信息的一种重要技术。使用电脑打字，首先需要认识电脑打字的相关基础知识，如认识语言栏、常见的输入法、什么是半角、什么是全角等。

7.1.1 汉字输入法的分类

根据键盘输入的类型将汉字输入法分成音码、形码和音形码三种，具体内容如下所述。

1. 音码

使用音码类输入法时，读者只要会拼写汉语拼音就可以进行汉字方面的输入工作。它比较符合人的思维模式，非常适用于电脑初学者这类人群进行学习操作。

目前常见的音码类型输入法种类有很多，下面简单介绍几种常见的音码输入法，用户可以根据需要选择使用。

- ➢ 微软拼音输入法：是一种智能型的拼音输入法。使用者可以连续输入整句话的拼音，不必人工分词和挑选候选词组，大大提高了输入文字的效率。
- ➢ 搜狗拼音输入法：主流的一种拼音输入法，支持自动更新网络新词和拥有整合符号等功能，对提高用户输入文字的准确性和输入速度有明显帮助。
- ➢ 紫光拼音输入法：是一种功能十分强大的输入法。具有智能组词、精选大容量词库和个性界面等特色。

音码也有自身的缺点，如在使用音码输入汉字时，对使用者拼写汉语拼音的能力有较高的要求；在候选汉字时，会出现同音字重码率高、输入效率低的现象；在遇到不认识的字或生僻字时，就难以快速地输入等。

但随着科学技术的发展与进步，新的拼音输入法在智能组词、兼容性等方面都得到了很大提升。

2. 形码

形码是一种先将汉字的笔画和部首进行字根分解的编码，然后再根据这些基本编码组合成汉字的输入方法。其优点是不受汉字拼音的影响，所以只要熟练掌握形码输入的技巧后，输入汉字的效率远胜于音码输入法的效率。

掌握形码对用户轻松输入汉字有着至关重要的作用，下面简单介绍几种常用的形码输入法。

- ➢ 五笔字型：这种输入法的主要优点包括输入键码短、输入时间快等特点。一个字或一个词组最多也只有四个码，这样不仅能够高效地节省输入的时间，还可以提高打字的速度。
- ➢ 表形码：这种输入方法是按照汉字的书写顺序用部件来进行编码。表形码的代码与汉字的字型或字音有关联，所以形象直观，比其他的形码要容易掌握。

用户在输入汉字时可以使用自己惯用的五笔字型输入法，下面简单介绍几种常用的五笔字型输入法。

➢ 王码五笔字型输入法：共有 86 版和 98 版两个版本。98 版王码五笔字型输入法跟 86 版王码五笔字型输入法相比较，码元分布更加合理，更便于记忆。

➢ 智能五笔字型输入法：是我国第一套支持全部国际扩展汉字库(GBK)汉字编码的五笔输入法。支持繁体汉字的输入、智能选词和语句提示等功能，内含丰富的词库。

3．音形码

音形码输入法的特点是输入方法不局限于音码或形码一种形式，而是将多个汉字输入系统的优点有机结合起来，使一种输入法可以包含多种输入法。

使用音形码输入汉字，用户可以提高打字的速度和准确度，下面简单介绍音形码的几种常用类型。

➢ 自然码：具有高效的双拼输入、特有识别码技术，兼容其他输入法等特点，并且支持全拼、简拼和双拼等输入方式。

➢ 郑码：是以单字输入为基础，词语输入为主导。用 2～4 个英文字母便能输入两字词组、多字词组和 30 个字以内短语的一种输入方式。

7.1.2 选择与切换汉字输入法

如果安装了多个输入法，用户可以方便地在输入法之间进行切换，切换输入法的意思是从一种输入法切换至另一种输入法。切换输入法的方法很简单，下面详细介绍其操作方法。

第 1 步 在状态栏中单击输入法图标(此时默认的输入法为搜狗拼音输入法)，弹出输入法列表，选择并单击要切换的输入法，如【中文(简体，中国)微软拼音】，如图 7-1 所示。

第 2 步 可以看到此时默认的输入法已经更改为微软拼音输入法，通过以上步骤即可完成切换输入法的操作，如图 7-2 所示。

图 7-1

图 7-2

知识精讲

除了单击状态栏中的输入法图标进行输入法的切换之外，用户还可以使用快捷键来进行输入法的切换，默认的快捷键是 Ctrl+Shift 组合键，用户也可以通过【控制面板】→【语言】→【高级设置】→【切换输入法】命令进行自定义快捷键的操作。

7.1.3 常见的输入法

常见的拼音输入法有搜狗拼音输入法、紫光拼音输入法、微软拼音输入法、智能拼音输入法、全拼输入法等，而五笔字型输入法主要是指王码和极品五笔输入法，王码五笔输入法已经过 20 多年的实践和检验，是国内占据主导地位的汉字输入法。

7.1.4 半角和全角

半角和全角的区别在于除汉字以外的其他字符(比如标点符号、字母、数字等)占用位置的大小。在计算机屏幕上，一个汉字要占两个英文字符的位置，人们把一个英文字符所占的位置称为"半角"，相对地把一个汉字所占的位置称为"全角"。

在搜狗拼音输入法状态栏中，单击【全/半角】按钮 即可在全角、半角之间切换，如图 7-3 所示。

图 7-3

7.1.5 设置中文和英文标点

在搜狗状态栏中单击【中/英文标点】按钮或者按 Shift+.组合键即可在中、英文标点之间进行切换，如图 7-4 和图 7-5 所示。

图 7-4

图 7-5

7.2 管理输入法

如果准备在电脑中输入汉字，则首先需要对系统输入法进行设置，如安装输入法软件、删除输入法软件、在不同输入法之间进行切换和设置默认输入法等。本节将介绍在 Windows 11 系统中管理系统输入法的内容。

7.2.1 安装和删除输入法软件

Windows 11 自带了微软拼音输入法，但其不一定能满足用户的需求，用户可以自行安装其他输入法软件。安装输入法软件前，用户需要先从网上下载安装文件，本节以安装百度拼音输入法为例，介绍安装和删除输入法软件的方法。

第 1 步 打开输入法软件所在的文件夹，双击下载的安装文件，如图 7-6 所示。

第 2 步 启动安装向导，选中【同意百度用户许可协议及百度隐私保护声明】复选框，单击【立即安装】按钮，如图 7-7 所示。

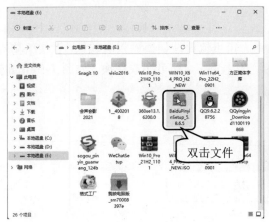

图 7-6

图 7-7

第 3 步　软件开始安装，并显示安装进度，需要等待一段时间，如图 7-8 所示。

图 7-8

第 4 步　输入法安装完成后，单击【立即体验】按钮即可，如图 7-9 所示。

图 7-9

7.2.2　输入法的切换

在输入文本时，会经常用到中英文输入，或者使用不同的输入法软件，在使用过程中需要快速切换,下面介绍切换的具体操作方法。

1. 输入法软件的切换

按 Win+Space 组合键或者 Ctrl+Shift 组合键,可以快速地切换输入法软件。另外,单击桌面右下角通知区域的输入法图标,在弹出的列表中单击,即可完成切换,如图 7-10 所示。

图 7-10

2. 中英文的切换

输入法主要分为中文模式和英文模式,在当前输入法中,可按 Shift 键或 Ctrl+Space 组合键切换中英文模式,如果用户使用的是中文模式,按 Shift 键可切换至英文模式,再按 Shift 键又会恢复成中文模式。

7.2.3 课堂范例——设置默认输入法

如果想在 Windows 11 系统启动时自动切换到某一种输入法,用户可以将其设置为默认输入法。下面将详细介绍设置默认输入法的操作方法。

◄◄ 扫码看视频(本节视频课程时间: 25 秒)

第 1 步 1. 单击【开始】按钮,打开【开始】菜单,2. 单击【设置】按钮,如图 7-11 所示。

第 2 步 打开【设置】窗口,1. 选择【时间和语言】选项,2. 选择【输入】选项,如图 7-12 所示。

第 3 步 进入【输入】设置界面,单击【高级键盘设置】图标,如图 7-13 所示。

第 4 步 进入【高级键盘设置】界面,1. 单击【如果你想使用与语言列表中最靠前的输入法不同的输入法,请在此处选择】下方的下拉按钮,2. 在弹出的列表中选择一种输入法即可完成设置默认输入法的操作,如图 7-14 所示。

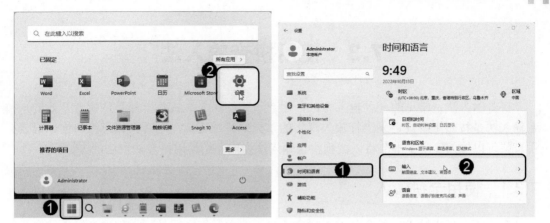

图 7-11   图 7-12

图 7-13

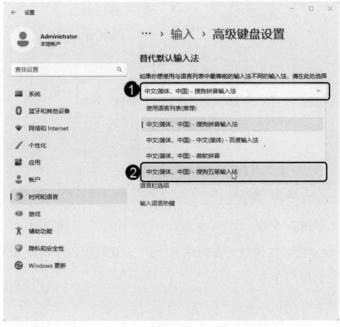

图 7-14

7.3 使用拼音输入法

拼音输入法是常见的一种输入方法，用户最初的输入形式基本都是从拼音开始的。拼音输入法是按照拼音规定来进行输入汉字的，无须特殊记忆，符合人的思维习惯，只要会拼音就可以输入汉字。本节将以搜狗拼音输入法为例介绍使用拼音输入法的方法。

7.3.1 使用全拼输入

全拼输入是指输入字的全部汉语拼音字母。下面详细介绍使用搜狗拼音输入法全拼输入词组的方法。

第 1 步 *1.* 单击【开始】按钮，打开【开始】菜单，*2.* 单击【记事本】图标，如图 7-15 所示。

第 2 步 打开记事本，切换至搜狗拼音输入法，在键盘上按下"计算机"的汉语拼音全拼 "jisuanji"，如图 7-16 所示。

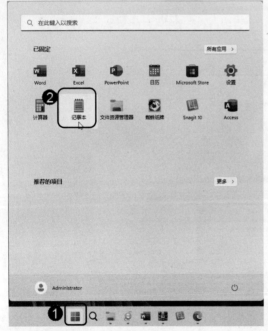

图 7-15

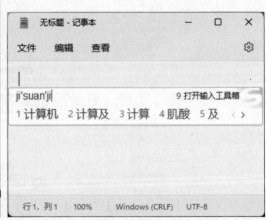

图 7-16

第 3 步 在键盘上按下词组所在的序号 "1"，通过以上步骤即可完成使用全拼输入汉字的操作，如图 7-17 所示。

图 7-17

7.3.2　使用简拼输入

首字母输入法又称简拼输入法，只需要输入汉字全拼中的第一个字母即可。下面详细介绍使用搜狗拼音输入法简拼输入词组的方法。

第 1 步　打开记事本，切换至搜狗拼音输入法，在键盘上按下"计算机"的汉语拼音简拼"jsj"，如图 7-18 所示。

第 2 步　在键盘上按下词组所在的序号"1"，通过以上步骤即可完成使用简拼输入汉字的操作，如图 7-19 所示。

图 7-18

图 7-19

7.3.3　中英文混合输入

在平时写邮件、发送消息时经常需要输入一些英文字符，搜狗拼音自带了中英文混合输入功能，便于用户快速地在中文输入状态下输入英文。

第 1 步　打开记事本，使用搜狗拼音输入法在键盘上输入"woyaoquparty"，如图 7-20 所示。

第 2 步　按下数字键"1"，即可输入"我要去 party"，如图 7-21 所示。

113

图 7-20

图 7-21

智慧锦囊

在中文输入状态下，如果想要输入英文，可以在输入字母后，直接按 Enter 键输入；如果要输入一些常用的包含字母和数字的验证码，如"w8i6"，也可以直接输入"w8i6"，按 Enter 键即可。

7.3.4 课堂范例——使用拆字辅助码输入汉字

使用搜狗拼音的拆字辅助码可以快速地定位到一个字，常在候选字较多，并且要输入的汉字比较靠后时使用。下面详细介绍使用拆字辅助码输入"娴"的具体方法。

◀◀ 扫码看视频(本节视频课程时间：21 秒)

第 1 步 打开记事本，使用搜狗拼音输入法在键盘上输入"xian"，此时看不到候选项中包含有"娴"字，如图 7-22 所示。

第 2 步 按 Tab 键，如图 7-23 所示。

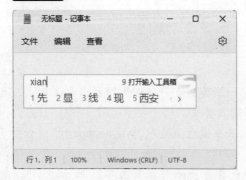

图 7-22

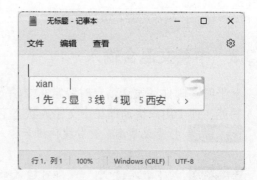

图 7-23

第 3 步 输入"娴"字的两部分"女"和"闲"的首字母 n、x，就可以看到"娴"字了，如图 7-24 所示。

第 4 步 按下空格键即可完成输入"娴"字的操作，如图 7-25 所示。

图 7-24

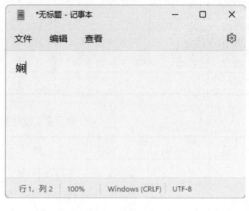

图 7-25

7.4 使用五笔字型输入法

五笔字型是一种高效的汉字输入法，是只使用 25 个字母键，以键盘上汉字的笔画、字根为单位，向电脑输入汉字的方法。

7.4.1 五笔字型输入法基础

根据汉字字型的特点，五笔字型输入法把汉字分为三个层次，分别为笔画、字根和单字。笔画是汉字最基本的组成单位，字根是五笔输入法中组成汉字最基本的元素。

➢ 笔画：是指书写汉字时，不间断地一次写成的一个线条，如"一""丨""丿""乙"等。

➢ 字根：是指由笔画与笔画单独或经过交叉连接形成的，结构相对不变的，类似于偏旁部首的结构，如"圭""ナ""勹""米"等。

➢ 单字：是指由字根按一定的位置关系拼装组合成的汉字，如"话""美""鱼""浏""娴"和"蓝"等。

如果只考虑笔画的运笔方向，不考虑其轻重长短，笔画可分为五种类型，分别为横、竖、撇、捺和折。横、竖、撇和捺是单方向的笔画，折笔画代表一切带折拐弯的笔画。

在五笔字型输入法中，为了便于记忆和排序，分别以 1、2、3、4 和 5 作为五种单笔画的代号，如表 7-1 所示。

在对汉字进行分类时，根据汉字字根间的位置关系，可以将汉字分为三种字型，分别为左右型、上下型和杂合型。在五笔字型输入法中，根据这三种字型各自拥有的汉字数量，分别用代码 1、2 和 3 来表示，如表 7-2 所示。

表7-1　汉字的五种笔画

名　称	代　码	笔画走向	笔画及变形	说　明
横	1	左→右	一、✓	"提"视为"横"
竖	2	上→下	丨、亅	"左竖钩"视为"竖"
撇	3	右上→左下	丿	水平调整
捺	4	左上→右下	丶	"点"视为"捺"
折	5	带转折	乙、㇄、乛、乀、乁	除"左竖钩"外所有带折的笔画

表7-2　汉字的三种字型结构

字　型	代　码	说　明	结构	图示	字　例
左右型	1	整字分成左右两部分或左中右三部分，并列排列，字根之间有较明显的距离，每部分可由一个或多个字根组成。	双合字	▯▯	组、源、扩
			三合字	▯▯▯	侧、浏、例
			三合字	▯▱	佐、流、借
			三合字	▱▯	部、数、封
上下型	2	整字分成上下两部分或上中下三部分，上下排列，它们之间有较明显的间隙，每部分可由一个或多个字根组成。	双合字	▭	分、字、肖
			三合字	▤	莫、衷、意
			三合字	▣	恕、华、型
			三合字	▤	磊、蔓、荡
杂合型	3	整字的每个部分之间没有明显的结构位置关系，不能明显地将其分为左右或上下关系。如汉字结构中的独体字、全包围和半包围结构，字根之间虽有间距，但总体呈一体。	单体字	▢	乙、目、口
			全包围	▣	回、困、因
			半包围	▣	同、风、冈

另外，在五笔字型输入法中，汉字字型结构的判定需要遵守几条约定，下面详细介绍判断汉字字型结构的相关知识。

➤ 凡是单笔画与一个基本字根相连的汉字，被视为杂合型，如汉字"干、天、自、天、千、久、乡"等。

➤ 基本字根和孤立的点组成的汉字，被视为杂合型，如汉字"太、勺、主、斗、下、术、叉"等。

➤ 包含两个字根，并且两个字根相交的汉字，被视为杂合型，如汉字"无、本、甩、丈、电"等。

➤ 包含有字根"走、辶和廴"的汉字，被视为杂合型，如汉字"赶、逃、建、过、延、趣"等。

 知识精讲

　　通常所说的五笔输入法是以王码公司开发的五笔输入法为主，到目前为止，王码五笔输入法经过了三次改版升级，分别为86版五笔输入法、98版五笔输入法和18030版五笔输入法。其中，86版五笔输入法的使用率占五笔输入法的85%以上。

7.4.2 五笔字根在键盘上的分布

在五笔字型输入法中,字根按照起始笔画,分布在主键盘区的 A～Y 键共 25 个字母键中(Z 键为学习键,不定义字根),每个字母键都有唯一的区位号,如图 7-26 所示。

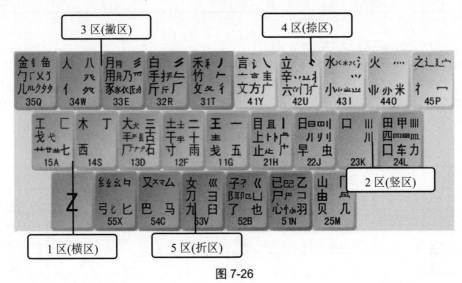

图 7-26

7.4.3 快速记忆五笔字根

为了便于五笔字型字根的记忆,五笔字型的创造者王永民教授编写了 25 句五笔字根助记词,每个字根键对应一句助记词,通过字根助记词的记忆可快速掌握五笔字型字根,如表 7-3 所示。

表 7-3 助记词分区记忆法

字 母	字根助记词	字 母	字根助记词
G	王旁青头戋(兼)五一	H	目具上止卜虎皮
F	土士二干十寸雨	J	日早两竖与虫依
D	大犬三羊(羊)古石厂	K	口与川,字根稀
S	木丁西	L	田甲方框四车力
A	工戈草头右框七	M	山由贝,下框几
T	禾竹一撇双人立,反文条头共三一	Y	言文方广在四一,高头一捺谁人去
R	白手看头三二斤	U	立辛两点六门疒(病)
E	月彡(衫)乃用家衣底	I	水旁兴头小倒立
W	人和八,三四里	O	火业头,四点米
Q	金(钅)勹缺点无尾鱼,犬旁留乂儿一点夕,氏无七(妻)	P	之字军盖建道底,摘礻(示)衤(衣)

 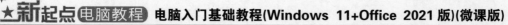
续表

字　母	字根助记词	字　母	字根助记词
N	已半巳满不出己，左框折尸心和羽	X	慈母无心弓和匕，幼无力
B	子耳了也框向上	C	又巴马，丢矢矣
V	女刀九臼山朝西		

7.4.4　汉字的拆分技巧与实例

4 个字根的汉字是指刚好可以拆分成 4 个字根的汉字。4 个字根汉字的输入方法为：第一个字根所在键+第二个字根所在键+第三个字根所在键+第四个字根所在键。下面举例说明 4 个字根汉字的拆分方法，如表 7-4 所示。

表 7-4　4 个字根汉字的拆分方法

笔　画	第 1 个字根	第 2 个字根	第 3 个字根	第 4 个字根	编码
屡	尸	彳	米	女	NTOV
型	一	廾	刂	土	GAJF
都	土	丿	日	阝	FTJB
热	扌	九	丶	灬	RVYO
楷	木	匕	匕	白	SXXR

超过 4 个字根的汉字是按照规定拆分之后，总数多于 4 个字根的字。超过 4 个字根汉字的输入方法为：第一个字根所在键+第二个字根所在键+第三个字根所在键+第末个字根所在键。下面举例说明超过 4 个字根汉字的拆分方法，如表 7-5 所示。

表 7-5　超过 4 个字根汉字的拆分方法

汉　字	第 1 个字根	第 2 个字根	第 3 个字根	第末个字根	编码
融	一	口	冂	虫	GKMJ
跨	口	止	大	亏	KHDN
佩	亻	几	一	巾	WMGH
煅	火	亻	三	又	OWDC

不足 4 个字根的汉字是指拆分后不足 4 个字根的汉字。不足 4 个字根汉字的输入方法为：第一个字根所在键+第二个字根所在键+第三个字根所在键+末笔字型识别码。下面举例说明不足 4 个字根汉字的折分方法，如表 7-6 所示。

表 7-6　不足 4 个字根汉字的拆分方法

汉　字	第 1 个字根	第 2 个字根	第 3 个字根	第末个字根	编码
忘	亠	乙	心	U	YNNU
汉	氵	又	Y	空格	ICY
码	石	马	G	空格	DCG
者	土	丿	曰	F	FTJF

7.4.5　键面字的输入

键名汉字是指在五笔字型字根表中，每个字根键上的第一个字根汉字。键名汉字的输入方法为：连续击打 4 次键名字根所在的字母键。键名汉字一共有 25 个，其编码如表 7-7 所示。

表 7-7　键面汉字的编码

汉　字	编　码	汉　字	编　码	汉　字	编　码
王	GGGG	禾	TTTT	已	NNNN
土	FFFF	白	RRRR	子	BBBB
大	DDDD	月	EEEE	女	VVVV
木	SSSS	人	WWWW	又	CCCC
工	AAAA	金	QQQQ	纟	XXXX
目	HHHH	言	YYYY	日	JJJJ
立	UUUU	口	KKKK	水	IIII
田	LLLL	火	OOOO	山	MMMM
之	PPPP				

7.4.6　简码的输入

在五笔字型输入法中，对于出现频率较高的汉字制定了简码规则，即取其编码的第一、二或三个字根进行编码，再加一个空格键进行输入的汉字，从而减少输入汉字时的击键次数，提高汉字的输入速度。

1. 一级简码的输入

一级简码一共有 25 个，大部分按首笔画排列在 5 个分区中，其键盘分布如图 7-27 所示。

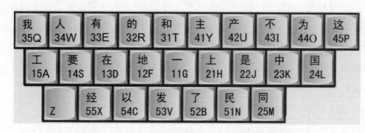

图 7-27

一级简码即高频字。在五笔字型输入法中，一级简码的输入方法为：简码汉字所在的字母键+空格键，如表 7-8 所示。

表 7-8　一级简码的输入方法

汉　字	编　码	汉　字	编　码	汉　字	编　码
一	G	上	H	和	T
主	Y	民	N	地	F
是	J	的	R	产	U
了	B	在	D	中	K
有	E	不	I	发	V
要	S	国	L	人	W
为	O	以	C	工	A
同	M	我	Q	这	P
经	X				

2. 二级简码的输入

　　二级简码是指汉字的编码只有两位，二级简码共有 600 多个，掌握二级简码的输入方法可以快速提高汉字的输入速度。二级简码的输入方法为：第一个字根所在键+第二个字根所在键+空格键。二级简码字的汇总如表 7-9 所示。

表 7-9　二级简码的输入方法

	GFDSA	HJKLM	TREWQ	YUIOP	NBVCX
G	五于天末开	下理事画现	玫珠表珍列	玉平不来	与屯妻到互
F	二寺城霜载	直进吉协南	才垢圾夫无	坟增示赤过	志地雪支
D	三夯大厅左	丰百右历面	帮原胡春克	太磁砂灰达	成顾肆友龙
S	本村枯林械	相查可楞机	格析极检构	术样档杰棕	杨李要权楷
A	七革基苛式	牙划或功贡	攻匠菜共区	芳燕东蕾芝	世节切芭药
H	睛睦睚盯虎	止旧占卤贞	睡脾肯具餐	眩瞳步眯瞎	卢眼皮此
J	量时晨果虹	早昌蝇曙遇	昨蝗明蛤晚	景暗晃显晕	电最归紧昆
K	呈叶顺呆呀	中虽吕另员	呼听吸只史	嘛啼吵噗喧	叫啊哪吧哟
L	车轩因困轼	四辊加男轴	力斩胃办罗	罚较辚边	思团轨轻累
M	同财央朵曲	由则崭册	几贩骨内风	凡赠峭赎迪	岂邮凤嶷
T	生行知条长	处得各务向	笔物秀答称	入科秒秋管	秘季委么第
R	后持拓打找	年提扣押抽	手白扔失换	扩拉朱搂近	所报扫反批
E	且肝须采肛	胩胆肿肋肌	用遥朋脸胸	及胶膛膦爱	甩服妥肥脂
W	全会估休代	个介保佃仙	作伯仍从你	信们偿伙	亿他分公化
Q	钱针然钉氏	外旬名甸负	儿铁角欠多	久匀乐炙锭	包凶争色
Y	主计庆订度	让刘训为高	放诉衣认义	方说就变这	记离良充率
U	闰半关亲并	站间部曾商	产瓣前闪交	六立冰普帝	决闻妆冯北
I	汪法尖洒江	小浊澡渐没	少泊肖兴光	注洋水淡学	沁池当汉涨

续表

	GFDSA	HJKLM	TREWQ	YUIOP	NBVCX
O	业灶类灯煤	粘烛炽烟灿	烽煌粗粉炮	米料炒炎迷	断籽娄烃糨
P	定守害宁宽	寂审宫军宙	客宾家空宛	社实宵灾之	官字安 它
N	怀导居 民	收慢避惭届	必怕 愉懈	心习悄屡忱	忆敢恨怪尼
B	卫际承阿陈	耻阳职阵出	降孤阴队隐	防联孙耶辽	也子限取陛
V	姨寻姑杂毁	曳旭如舅妞	九 奶 婚	妨嫌录灵巡	刀好妇妈姆
C	骊对参骠戏	骡台劝观	矣牟能难允	驻驼	马邓艰双
X	线结顷红	引旨强细纲	张绵级给约	纺弱纱继综	纪弛绿经比

3. 三级简码的输入

三级简码是指汉字中，前三个字根在整个编码体系中唯一的汉字。三级简码汉字的输入方法为：第一个字根所在键+第二个字根所在键+第三个字根所在键+空格键。三级简码的输入由于省略了第 4 个字根和末笔识别码的判定，从而节省了输入时间。

如输入三级简码汉字"耙"，在键盘上输入前三个字根"三"、"小"和"巴"所在键 D、I、C，再在键盘上按下空格键即可。

三级简码字和 4 码字都是击键 4 次，但是实际上却大不相同，具体区别如下所述。

➤ 三级简码少分析一个字根，减轻了脑力负担。

➤ 三级简码的最后一击是用拇指击打空格键，这样其他手指头就可以自由变位，有利于迅速投入下一次击键。

7.4.7 输入词组

在五笔字型输入法中，所有词组的编码都为等长的 4 码，因此采用词组的方式输入汉字会比单个输入汉字的速度更快，因此提高了汉字输入速度。

1. 输入二字词组

二字词组在汉语词汇中占有的比重比较大，掌握其输入方法可以有效地提高输入速度。二字词组的输入方法为：首字的第一个字根+首字的第二个字根+次字的第一个字根+次字的第二个字根，如二字词"词组"的编码为"YNXE"，其拆分方法如图 7-28 所示。

图 7-28

2. 输入三字词组

三字词在汉语词汇中占据的比重也很大，其输入速度约为普通汉字输入速度的 3 倍，

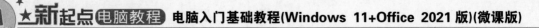

因此可以有效地提高输入速度。三字词的输入方法为：第一个汉字的第一个字根+第二个汉字的第一个字根+第三个汉字的第一个字根+第三个汉字的第二个字根，如三字词"科学家"的编码为"TIPE"，其拆分方法如图 7-29 所示。

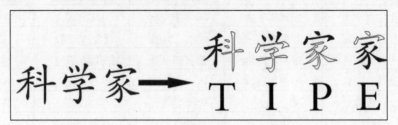

图 7-29

3. 输入四字词组

四字词在汉语词汇中也占有一定比重，其输入速度约为普通汉字输入速度的 4 倍，因此使用输入四字词的方法可以有效地提高文字的输入速度。

四字词的输入方法为：第一个汉字的第一个字根+第二个汉字的第一个字根+第三个汉字的第一个字根+第四个汉字的第一个字根，如四字词"兄弟姐妹"的编码为"KUVV"，其拆分方法如图 7-30 所示。

图 7-30

4. 输入多字词组

多字词在汉语词汇中占有的比重不大，但因其编码简单，输入速度快，因此经常被使用。多字词组的输入方法为：第一个汉字的第一个字根+第二个汉字的第一个字根+第三个汉字的第一个字根+第末个汉字的第一个字根，例如多字词组"中华人民共和国"的编码为"KWWL"，其拆分方法如图 7-31 所示。

 知识精讲

在拆分四字词组时，词组中如果包含一级简码的独体字或键名字，只需选取该字所在键位即可；如果一级简码非独体字，则按照键外字的拆分方法拆分；若包含成字字根，则按照成字字根得到拆分方法拆分。

图 7-31

7.5 实践案例与上机指导

通过本章的学习，读者基本可以掌握电脑打字的基础知识以及一些常规的操作方法，下面将通过练习操作，来帮助读者达到巩固学习、拓展提高的目的。

7.5.1 陌生字的输入方法

在输入汉字的时候，我们经常会遇到不知道读音的陌生汉字，此时用户可以使用输入法的 U 模式，通过笔画、拆分的方式输入汉字。下面以搜狗拼音输入法为例，详细介绍陌生字的输入方法。

◀◀ 扫码看视频(本节视频课程时间：52 秒)

1. 笔画输入

常用的汉字均可通过笔画来输入，如输入"贲"字的具体操作步骤如下。

第 1 步 *1.* 单击【开始】按钮 ▦，打开【开始】菜单，*2.* 单击【记事本】程序图标，如图 7-32 所示。

第 2 步 启动记事本，使用搜狗拼音输入法输入字母"u"，启动 U 模式，可以看到笔画对应的按键，如图 7-33 所示。

第 3 步 根据"贲"字的笔画依次输入"hshssszpn"，即可看到显示的汉字及其拼音，按空格键即可输入"贲"字，如图 7-34 所示。

图 7-32

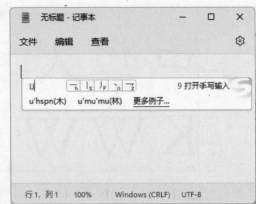

图 7-33

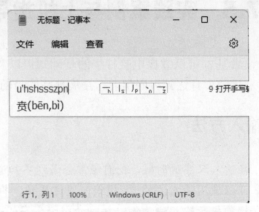

图 7-34

2. 拆分输入

将一个汉字拆分成多个组成部分,在 U 模式下分别输入各部分的拼音,即可打出对应的汉字。下面以输入"隗"字为例,介绍拆分输入陌生汉字的方法。

第1步 启动记事本,使用搜狗拼音输入法输入字母"u",启动 U 模式,可以看到笔画对应的按键,如图 7-35 所示。

第2步 "隗"字可拆分为"阝(er)"和"鬼(gui)",使用搜狗拼音输入法输入"uergui",如图 7-36 所示。

图 7-35

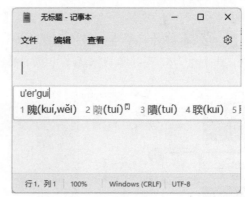

图 7-36

3. 笔画拆分混输

用户除了可以单独使用笔画和拆分的方法输入陌生汉字外，还可以使用笔画拆分混输的方法输入汉字。下面以输入"轸"字为例介绍笔画拆分混输的操作。

第 1 步　启动记事本，使用搜狗拼音输入法输入字母"u"，启动 U 模式，可以看到笔画对应的按键，如图 7-37 所示。

第 2 步　"轸"字的左侧为"车(che)"，右侧可按照笔画顺序输入"pnppp"，使用搜狗拼音输入法输入"uchepnppp"，就会看到要输入的汉字及其正确读音，按空格键即可完成输入，如图 7-38 所示。

图 7-37

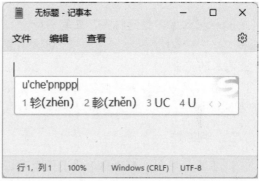

图 7-38

7.5.2　简繁切换

在使用搜狗拼音输入法时，用户还可以进行简体字与繁体字的切换。下面详细介绍简繁切换的操作方法。

◀◀ 扫码看视频(本节视频课程时间：21 秒)

第 1 步　**1.** 单击搜狗拼音输入法的【菜单】按钮，**2.** 在弹出的菜单中选择【简繁

切换】菜单项，**3.** 在弹出的子菜单中选择【繁体(常用)】菜单项，如图 7-39 所示。

第2步 打开记事本，切换至搜狗拼音输入法，在键盘上按下"计算机"的汉语拼音全拼"jisuanji"，可以看到候选字中显示的即为繁体字，如图 7-40 所示。

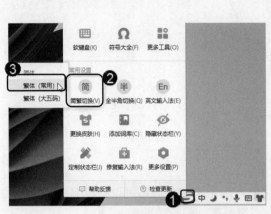

图 7-39

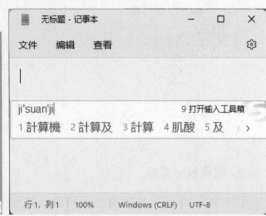

图 7-40

7.6 思考与练习

一、填空题

1. 根据汉字字型的特点，五笔字型输入法把汉字分为三个层次，分别为_____、字根和_____。_____是汉字最基本的组成单位，字根是五笔输入法中组成汉字最基本的元素。

2. 在对汉字进行分类时，根据汉字字根间的位置关系，可以将汉字分为三种字型，分别为_____、上下型和_____。

二、判断题

1. 在五笔字型输入法中，为了便于记忆和排序，分别以 1、2、3、4 和 5 作为五种单笔画的代号。 （　　）

2. 在五笔字型输入法中，字根按照起始笔画，分布在主键盘区的 A～Y 键共 26 个字母键中，每个字母键都有唯一的区位号。 （　　）

三、思考题

1. 如何设置默认输入法？

2. 汉字输入有哪些方法？

新起点
电脑教程

第 8 章

用 Word 2021 输入与编写文档

本章要点

- 📖 新建与保存文档
- 📖 输入与编辑文档
- 📖 设置文本字体
- 📖 设置段落格式

本章主要内容

本章主要介绍新建与保存文档、输入与编辑文档和设置文本字体方面的知识与技巧，同时还讲解如何设置段落格式，在本章的最后针对实际工作需求，讲解使用文档视图查看文档和添加批注与修订的方法。通过本章的学习，读者可以掌握使用 Office 2021 输入与编写文档方面的知识，为深入学习 Windows 11 和 Office 2021 知识奠定基础。

8.1 新建与保存文档

Word 2021 是 Office 2021 中的一个重要组成部分，是 Microsoft 公司于 2021 年推出的一款优秀的文字处理软件，主要用于完成日常办公和文字处理等操作。本节将介绍 Word 2021 文档的基本操作。

8.1.1 新建与保存文档

如果想要新建文档，首先要打开 Word 2021 程序。下面介绍新建文档的操作方法。

第 1 步 在系统桌面上，1. 单击【开始】按钮，打开【开始】菜单，2. 在【已固定】区域中单击 Word 图标，如图 8-1 所示。

第 2 步 打开 Word 2021 主界面，在模板区域中，Word 提供了多种创建的新文档类型，这里单击【空白文档】按钮，如图 8-2 所示。

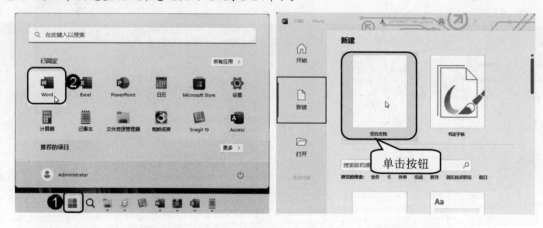

图 8-1   图 8-2

第 3 步 完成建立空白文档的操作，切换到【文件】选项卡，如图 8-3 所示。

图 8-3

第 4 步 进入 Backstage 视图，**1.** 在 Backstage 视图中选择【另存为】选项，**2.** 单击【浏览】按钮，如图 8-4 所示。

第 5 步 弹出【另存为】对话框，**1.** 设置文档准备保存的位置，**2.** 在【文件名】下拉列表中输入名称，**3.** 单击【保存】按钮，如图 8-5 所示。

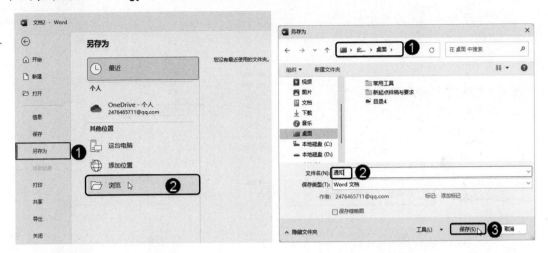

图 8-4　　　　　　　　　　　　　　　图 8-5

第 6 步 返回 Word 工作界面，当前文档已经被保存为"通知"，如图 8-6 所示。

图 8-6

8.1.2　打开和关闭文档

要编辑以前保存过的文档，需要先在 Word 中打开该文档，编辑之后可以将文档关闭。下面详细介绍打开和关闭文档的操作方法。

第 1 步 启动 Word 2021 程序，**1.** 在主界面中选择【打开】选项，**2.** 单击【浏览】按钮，如图 8-7 所示。

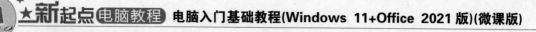

第2步 弹出【打开】对话框，*1.* 选中准备打开的文件，*2.* 单击【打开】按钮，如图 8-8 所示。

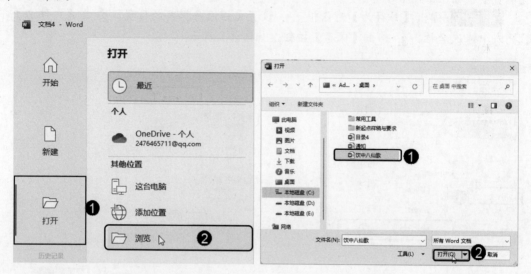

图 8-7   图 8-8

第3步 文档已经打开，若想关闭文档，单击文档右上角的【关闭】按钮即可，如图 8-9 所示。

图 8-9

8.2 输入与编辑文档

在 Word 2021 中创建文档后，用户可以在文档中输入并编辑文本内容，使文档满足工作需要。用户可以在文档中输入汉字、英文字符、数字和特殊符号等。本节将介绍输入与编辑文本的操作方法。

8.2.1　输入文档内容

文本的输入功能非常简单，运用前面介绍的打字知识就可以在文档编辑区中输入文本内容。下面详细介绍输入文本的操作方法。

第 1 步　启动 Word 2021，使用搜狗拼音输入法输入"中文"的全拼"zhongwen"，按空格键完成输入，如图 8-10 所示。

第 2 步　按 Enter 键换行，输入"Word"，如图 8-11 所示。

图 8-10

图 8-11

第 3 步　按空格键完成输入，再次按空格键，在小键盘上输入"2021"，如图 8-12 所示。

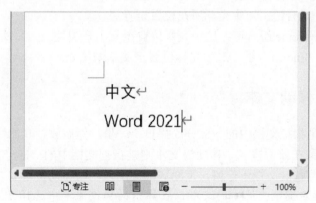

图 8-12

8.2.2　选择文档内容

如果用户准备对 Word 文档中的文本进行编辑操作，首先需要选择文本。下面介绍选择文本的一些方法。

- ➢ 选择任意文本：将光标定位在准备选择文字的左侧或右侧，单击并拖动光标至准备选取文字的右侧或左侧，然后释放鼠标左键即可选中单个文字或某段文本。
- ➢ 选择一行文本：移动鼠标指针到准备选择的某一行行首的空白处，待鼠标指针变成向右箭头形状时，单击鼠标左键即可选中该行文本。
- ➢ 选择一段文本：将光标定位在准备选择的一段文本的任意位置，然后连续单击鼠标三次即可选中一段文本。
- ➢ 选择整篇文本：移动鼠标指针指向文本左侧的空白处，待鼠标指针变成向右箭头形状时，连续单击鼠标左键三次即可选择整篇文档；将光标定位在文本左侧的空白处，待鼠标指针变成向右箭头形状时，按住 Ctrl 键的同时，单击鼠标左键即可选中整篇文档；将光标定位在准备选择的整篇文档的任意位置，按键盘上的 Ctrl+A 组合键即可选中整篇文档。
- ➢ 选择词：将光标定位在准备选择的词的位置，连续两次单击鼠标左键即可选择词。
- ➢ 选择句子：按住 Ctrl 键的同时，单击准备选择的句子的任意位置即可选择句子。
- ➢ 选择垂直文本：将光标定位在任意位置，然后按住 Alt 键的同时拖动鼠标指针到目标位置，即可选择某一垂直块文本。
- ➢ 选择分散文本：选中一段文本后，按住 Ctrl 键的同时再选定其他不连续的文本即可选定分散文本。

一些组合键可以帮助用户快速浏览到文档中的内容，下面详细介绍 Word 2021 中组合键的作用。

- ➢ Shift+↑组合键：选中光标所在位置至上一行对应位置处的文本。
- ➢ Shift+↓组合键：选中光标所在位置至下一行对应位置处的文本。
- ➢ Shift+←组合键：选中光标所在位置左侧的一个文字。
- ➢ Shift+→组合键：选中光标所在位置右侧的一个文字。
- ➢ Shift+Home 组合键：选中光标所在位置至行首。
- ➢ Shift+End 组合键：选中光标所在位置至行尾。
- ➢ Ctrl+Shift+Home 组合键：选中光标位置至文本开头处。
- ➢ Ctrl+Shift+End 组合键：选中光标位置至文本结尾处。

8.2.3 复制与移动文本

"复制"文本是指把文档中的一部分"拷贝"一份，然后放到其他位置，而被"复制"的内容仍按原样保留在原位置。"移动"文本则是指把文档中的一部分内容移动到文档中的其他位置，原有位置的文档不保留。下面详细介绍复制与移动文本的方法。

第 1 步 鼠标右键单击选中的文本，在弹出的快捷菜单中选择【复制】菜单项，如图 8-13 所示。

第 2 步 将光标定位在第三行，鼠标右键单击光标所在位置，在弹出的快捷菜单中单击【粘贴选项】菜单项下的【保留源格式】按钮，如图 8-14 所示。

图 8-13   图 8-14

第3步 可以看到文本内容已经复制到第三行，如图 8-15 所示。通过以上步骤即可完成复制文本内容的操作。

第4步 鼠标右键单击选中的文本，在弹出的快捷菜单中选择【剪切】菜单项，如图 8-16 所示。

图 8-15   图 8-16

第5步 将光标定位在第三行，鼠标右键单击光标所在位置，在弹出的快捷菜单中单击【粘贴选项】菜单项下的【保留源格式】按钮，如图 8-17 所示。

第6步 可以看到文本从第二行已经移动到第三行，如图 8-18 所示。通过以上步骤即可完成移动文本的操作。

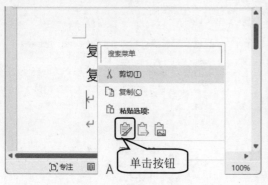

图 8-17

图 8-18

8.2.4 课堂范例——删除与修改错误的文本

在 Word 2021 文档中进行文本的输入时,如果用户发现输入的文本有错误,可以对文本进行删除和修改,从而保证输入的正确性。下面介绍删除与修改文本的操作方法。

◀◀ 扫码看视频(本节视频课程时间: 13 秒)

素材保存路径: 配套素材\素材文件\第 8 章
素材文件名称: 草.docx

第 1 步 打开素材文件"草.docx",在文档中选中准备修改的文本内容,如图 8-19 所示。选择合适的输入法输入正确的文本内容。

第 2 步 在键盘上按下汉字所在的数字序号(即数字"2")输入汉字,如图 8-20 所示。

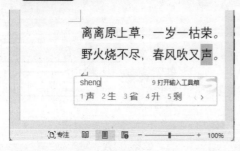

图 8-19

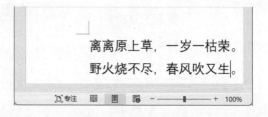

图 8-20

智慧锦囊

在删除文本时,用户也可以将光标定位在准备删除文本的左侧,然后按 Delete 键可以依次删除文本内容;或者选中准备删除的文本,按 Delete 键,文本即可被删除。

8.2.5　课堂范例——查找与替换文本

在 Word 2021 中，查找功能可以帮助用户定位所需的内容，用户也可以使用替换功能将查找到的文本替换为新的文本。下面介绍查找文本和替换文本的操作方法。

◀◀ 扫码看视频(本节视频课程时间：46 秒)

 素材保存路径：配套素材\素材文件\第 8 章
素材文件名称：企业员工守则.docx

第 1 步 将光标定位在文本的任意位置，**1.** 在【开始】选项卡中单击【编辑】下拉按钮，**2.** 在弹出的菜单中选择【查找】菜单项，如图 8-21 所示。

图 8-21

第 2 步 弹出导航栏，在文本框中输入准备查找的文本内容，如"企业"，在文档中会显示该文本所在的页面和位置，该文本用黄色标出，如图 8-22 所示。

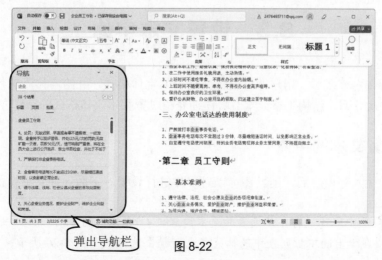

弹出导航栏　　图 8-22

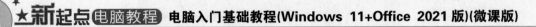

第3步 在【开始】选项卡中，**1.** 单击【编辑】下拉按钮，**2.** 在弹出的菜单中选择【替换】菜单项，如图 8-23 所示。

第4步 弹出【查找和替换】对话框，**1.** 在【替换】选项卡的【查找内容】和【替换为】下拉列表框中输入内容，**2.** 单击【全部替换】按钮，如图 8-24 所示。

图 8-23

图 8-24

第5步 弹出提示对话框，单击【确定】按钮，即可完成替换文本内容的操作，如图 8-25 所示。

图 8-25

8.3　设置文本字体

在输入所有内容之后，用户即可设置文档中的字体格式，并给字体添加效果，从而使文档看起来层次分明、结构工整。本节将详细介绍设置文本字体格式的操作方法。

8.3.1　设置文本的字体

在文档中输入完内容后，用户还可以对字体进行设置。下面详细介绍设置文本字体的操作方法。

第1步 选中准备进行字体设置的文本内容，**1.** 在弹出的浮动工具栏中单击【字体】下拉按钮，**2.** 在弹出的下拉列表中选择【华文行楷】选项，如图 8-26 所示。

第 2 步 可以看到被选中的文本字体已经改变，如图 8-27 所示。通过以上步骤即可完成设置文本字体的操作。

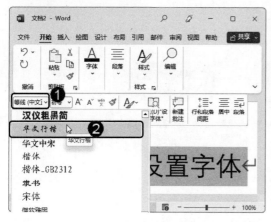

图 8-26

图 8-27

8.3.2 设置文本字号和颜色

在文档中输入完内容后，用户还可以对字号和颜色进行设置。下面详细介绍设置文本字号和颜色的操作方法。

第 1 步 选中准备进行字号设置的文本内容，*1.* 在弹出的浮动工具栏中单击【字号】下拉按钮，*2.* 在弹出的下拉列表中选择【初号】选项，如图 8-28 所示。

第 2 步 可以看到被选中的文本字号已经改变，如图 8-29 所示。通过以上步骤即可完成设置文本字号的操作。

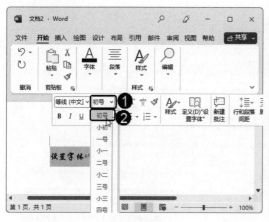

图 8-28

图 8-29

第 3 步 选中准备进行颜色设置的文本内容，*1.* 在弹出的浮动工具栏中单击【字体颜色】下拉按钮，*2.* 在弹出的颜色库中选择一种颜色，如图 8-30 所示。

第 4 步 可以看到被选中的文本颜色已经改变，如图 8-31 所示。通过以上步骤即可完成设置文本颜色的操作。

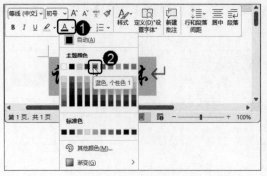

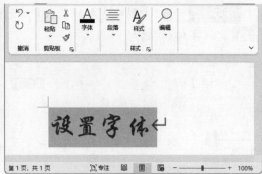

图 8-30　　　　　　　　　　　　　　　　　图 8-31

8.3.3　课堂范例——制作招聘启事

招聘启事是用人单位面向社会公开招聘有关人员时使用的一种应用文书,是企业获得社会人才的一种方式。招聘启事撰写的质量会影响招聘的效果和招聘单位的形象。下面介绍编写招聘启事并设置文本的方法。

◀◀ 扫码看视频(本节视频课程时间: 20 秒)

素材保存路径: 配套素材\素材文件\第 8 章
素材文件名称: 招聘启事.docx

第 1 步 启动 Word 2021 程序,新建一个空白文档,使用输入法输入文档标题,如图 8-32 所示。

第 2 步 按 Enter 键换行,输入正文内容,如图 8-33 所示。

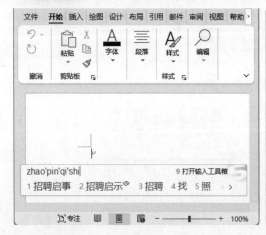

图 8-32　　　　　　　　　　　　　　　　　图 8-33

第 3 步 选中标题,设置字体和字号,如图 8-34 所示。

第 4 步 选中正文,设置文本颜色,如图 8-35 所示。

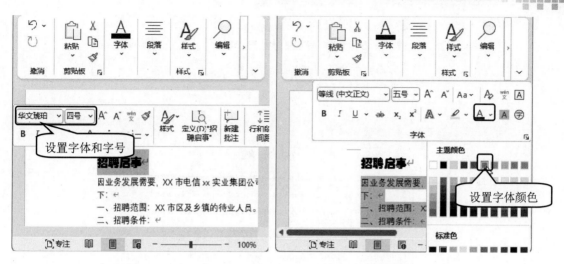

图 8-34　　　　　　　　　　　　　图 8-35

8.4　设置段落格式

段落是一个独立的文本单位，具有自身的格式特征。段落格式是指以段落为单位的格式设置。设置段落格式主要是指设置段落的对齐方式、段落缩进以及段落间距等。

8.4.1　设置段落对齐方式

段落的对齐方式共有 5 种，分别为文本左对齐、居中、文本右对齐、两端对齐和分散对齐。下面介绍设置段落对齐方式的操作方法。

第 1 步　选中段落文本，1. 在【开始】选项卡中单击【段落】下拉按钮，2. 在弹出的菜单中单击【居中】按钮，如图 8-36 所示。

图 8-36

第 2 步　可以看到选中的段落已经变为居中对齐，如图 8-37 所示。通过以上步骤即可完成设置段落对齐方式的操作。

图 8-37

8.4.2 设置段落间距和行距

用户还可以设置段落的间距和行距，设置段落间距和行距的方法非常简单，下面详细介绍其操作方法。

第1步 选中段落文本，*1.* 在【开始】选项卡中单击【段落】下拉按钮，*2.* 在弹出的菜单中单击【段落设置】按钮□，如图 8-38 所示。

第2步 弹出【段落】对话框，*1.* 切换到【缩进和间距】选项卡，*2.* 在【间距】选项组的【段前】和【段后】微调框中输入 1，*3.* 单击【行距】下拉按钮，在弹出的下拉列表中选择【2 倍行距】选项，*4.* 单击【确定】按钮，如图 8-39 所示。

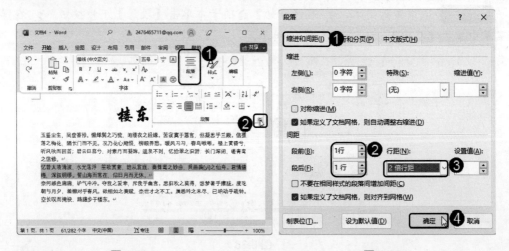

图 8-38　　　　　　　　　　　　　　　　图 8-39

第3步 可以看到选中段落的间距和行距已经改变，如图 8-40 所示。通过上述操作即可完成设置段落间距和行距的操作。

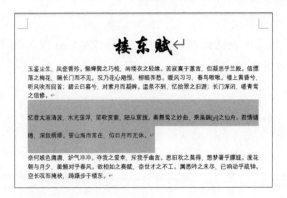

图 8-40

8.4.3　课堂范例——设置"放假通知"段落格式

　　　　企业在国家法定节假日前夕发出的放假通知可以提醒员工做好假期安排。下面将详细介绍为放假通知文档设置段落格式的操作方法。

◀◀ 扫码看视频(本节视频课程时间：27 秒)

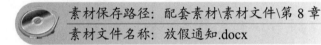

素材保存路径：配套素材\素材文件\第 8 章
素材文件名称：放假通知.docx

第1步 打开素材文档，选中第 2~7 段文本，**1.** 在【开始】选项卡中单击【段落】下拉按钮，**2.** 在弹出的菜单中单击【段落设置】按钮，如图 8-41 所示。

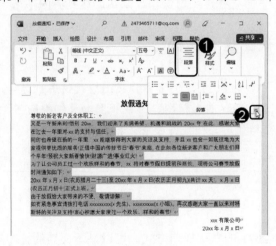

图 8-41

第2步 弹出【段落】对话框，**1.** 切换到【缩进和间距】选项卡，**2.** 在【缩进】选项组中单击【特殊】下拉按钮，在弹出的下拉列表中选择【首行】选项，设置【缩进值】为 2 字符，**3.** 在【间距】选项组中单击【行距】下拉按钮，在弹出的下拉列表中选择【1.5

倍行距】选项，**4.** 单击【确定】按钮，如图 8-42 所示。

第3步 可以看到选中段落的间距和行距已经改变，如图 8-43 所示。通过上述操作即可完成设置段落间距和行距的操作。

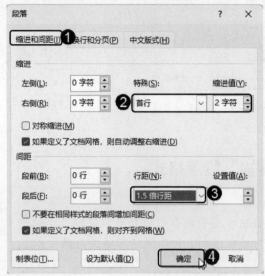

图 8-42

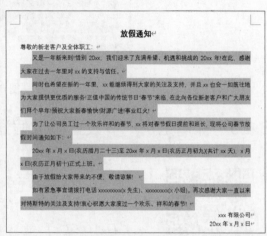

图 8-43

8.5 实践案例与上机指导

通过本章的学习，读者基本可以掌握使用 Office 2021 输入与编写文档的基础知识以及一些常规的操作方法，下面将通过练习操作，来帮助达到巩固学习、拓展提高的目的。

8.5.1 使用文档视图查看文档

Word 2021 提供了多种视图模式供用户选择，包括页面视图、阅读视图、Web 版式视图、草稿视图和大纲视图 5 种视图模式。下面将详细介绍使用文档视图查看文档的方法。

◀◀ 扫码看视频(本节视频课程时间：1 分 29 秒)

1. 页面视图

页面视图是 Word 2021 的默认视图方式，可以显示文档的打印外观，主要包括页眉、页脚、图形对象、分栏设置、页面边距等元素，是最接近打印结果的视图方式，在【视图】选项卡的【视图】组中单击【页面视图】按钮，即可使用页面视图方式查看文档，如图 8-44 所示。

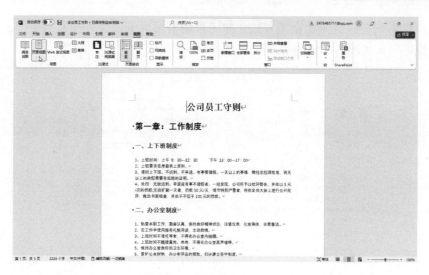

图 8-44

2. 阅读视图

阅读视图是以图书的分栏样式显示 Word 2021 文档，【文件】按钮、功能区等元素被隐藏起来。在阅读视图中，用户还可以通过阅读视图上方的各种视图工具和按钮进行相关的视图操作。在【视图】选项卡的【视图】组中单击【阅读视图】按钮，即可使用阅读视图的方式查看文档，如图 8-45 和 8-46 所示。

图 8-45

3. Web 版式视图

Web 版式视图会以 Web 浏览器的形式显示文档。例如，文档将显示为一个不带分页符的长页，并且文本和表格将自动换行以适应窗口的大小。在【视图】选项卡的【视图】组中单击【Web 版式视图】按钮，即可使用 Web 版式视图的方式查看文档，如图 8-47 所示。

4. 草稿视图

草稿视图取消了页面边距、分栏、页眉、页脚和图片等元素，仅显示标题和正文，是最节省计算机系统硬件资源的视图方式,在【视图】选项卡的【视图】组中单击【草稿】按钮即可使用草稿视图的方式查看文档,如图 8-48 所示。

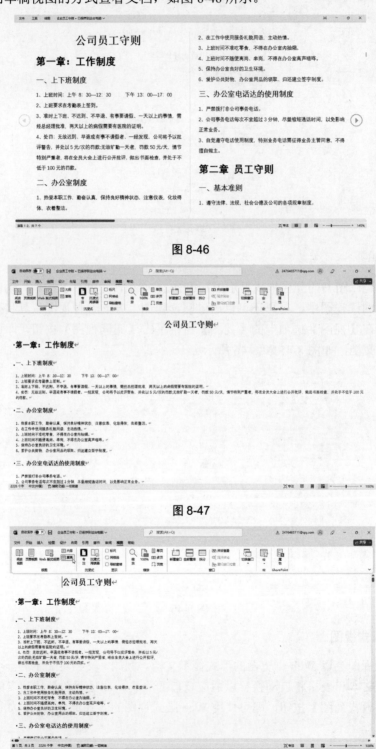

图 8-46

图 8-47

图 8-48

5. 大纲视图

大纲视图主要用于 Word 2021 文档结构的设置和浏览，使用大纲视图可以迅速了解文档的结构和内容梗概，在【视图】选项卡的【视图】组中单击【大纲】按钮，即可使用大纲视图的方式查看文档，如图 8-49 和图 8-50 所示。

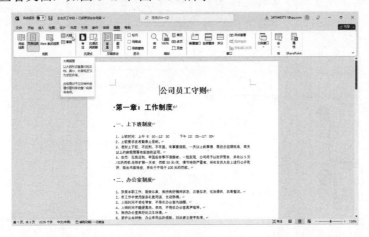

图 8-49

图 8-50

8.5.2　添加批注和修订

为了帮助阅读者更好地理解文档以及跟踪文档的修改状况，可以为 Word 文档添加批注和修订。批注和修订可以让文档作者修改文档，以改正错误，从而使文档更专业。下面介绍添加批注和修订的操作方法。

◀◀ 扫码看视频(本节视频课程时间：31 秒)

素材保存路径：配套素材\素材文件\第 8 章
素材文件名称：年终总结工作报告.docx

第 1 步 打开素材文档，选中文本内容，*1.* 在【审阅】选项卡中单击【批注】下拉按钮，*2.* 在弹出的菜单中选择【新建批注】菜单项，如图 8-51 所示。

第 2 步 弹出批注框，用户可以在其中输入内容，如图 8-52 所示。通过以上步骤即可完成添加批注的操作。

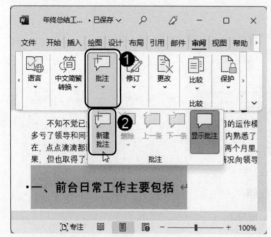

图 8-51

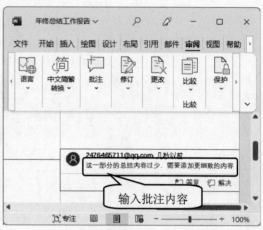

图 8-52

第 3 步 在【审阅】选项卡中单击【修订】下拉按钮，*1.* 在弹出的菜单中单击【修订】按钮，*2.* 在【显示以供审阅】下拉列表中选择【所有标记】选项，如图 8-53 所示。

第 4 步 在文档中选中"书"字并输入"疏"，如图 8-54 所示。

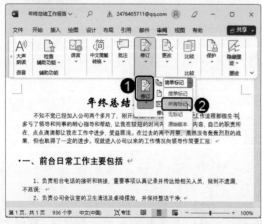

图 8-53

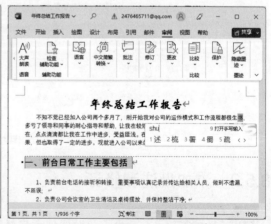

图 8-54

第 5 步 可以看到修订的效果，如图 8-55 所示。通过以上步骤即可完成修订的操作。

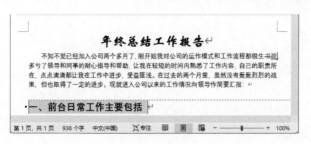

图 8-55

8.6　思考与练习

一、填空题

1. Word 2021 提供了多种视图模式供用户选择，包括_____、_____、Web 版式视图、草稿视图和大纲视图 5 种视图模式。

2. 在 Word 2021 中创建文档后，用户可以在文档中输入并编辑文本内容，使文档满足工作需要。用户可以在文档中输入_____、英文字符、_____和特殊符号等。

二、判断题

1. 将光标定位在任意位置，然后按住 Alt 键的同时拖动鼠标指针到目标位置，即可选择一段文本。　　　　　　　　　　　　　　　　　　　　　　　　　　（　　）

2. 将光标定位在准备选择文字的左侧或右侧，单击并拖动光标至准备选取文字的右侧或左侧，然后释放鼠标左键即可选中单个文字或某段文本。　　　　　　（　　）

三、思考题

1. 如何打开和关闭文档？
2. 如何设置文本字体？

新起点
电脑教程

第 9 章

制作图文并茂的文档

本章要点

- 插入图片和艺术字
- 插入与设置文本框
- 插入与制作表格
- 插入 SmartArt 图形
- 制作页眉和页脚

本章主要内容

　　本章主要介绍插入图片和艺术字、插入与设置文本框、插入与制作表格和插入 SmartArt 图形方面的知识与技巧，同时还讲解如何制作页眉和页脚，在本章的最后针对实际工作需求，讲解设置图片随文字移动、裁剪图片形状和分栏排版的方法。通过本章的学习，读者可以掌握 Word 2021 文档制作方面的知识，为深入学习 Windows 11 和 Office 2021 知识奠定基础。

9.1 插入图片和艺术字

Word 不但能够处理普通文本内容,还能编辑带有图形对象的文档,即图文混排。在文档中添加图片,可以使文档看起来生动、形象,充满活力。用户可以使用 Word 设计并制作图文并茂、内容丰富的文档。

9.1.1 插入图片

在 Word 2021 中,可以插入多种格式的图片,如.jpg、.png 和.bmp 等。下面详细介绍插入图片的操作方法。

第1步 新建文档,1. 切换到【插入】选项卡,2. 单击【插图】下拉按钮,3. 单击【图片】下拉按钮,4. 在弹出的菜单中选择【此设备】菜单项,如图 9-1 所示。

第2步 弹出【插入图片】对话框,1. 选择准备插入的图片,2.单击【插入】按钮,如图 9-2 所示。

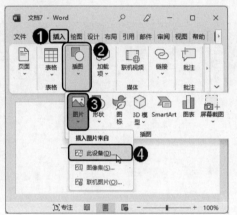

图 9-1

图 9-2

第3步 可以看到图片已经插入到文档中,如图 9-3 所示。通过以上步骤即可完成插入图片的操作。

图 9-3

智慧锦囊

除了可以插入图片之外，用户还可以在文档中插入联机图片。Word 2021 内部提供了联机图片库，其中包含 Web 元素、背景、标志、地点和符号等。

9.1.2　插入艺术字

Word 2021 还有添加艺术字的功能，可以为文档添加生动且具有特殊视觉效果的文字。下面详细介绍插入艺术字的操作方法。

第1步 新建文档，**1.** 切换到【插入】选项卡，**2.** 单击【文本】下拉按钮，**3.** 单击【艺术字】下拉按钮，**4.** 在弹出的菜单中选择准备插入的艺术字样式，如图 9-4 所示。

第2步 在文档中插入了一个艺术字文本框，使用输入法输入内容，如图 9-5 所示。

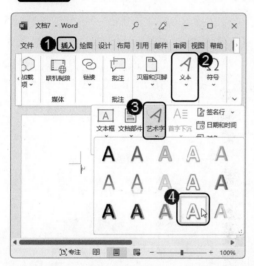

图 9-4

图 9-5

第3步 可以看到艺术字已经插入到文档中，如图 9-6 所示。通过以上步骤即可完成插入艺术字的操作。

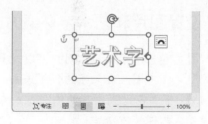

图 9-6

9.1.3　修改艺术字样式

插入艺术字之后，用户还可以自己设计艺术字的样式，包括设置艺术字的文本填充颜

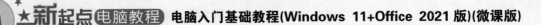
色、文本轮廓颜色以及文字效果。下面详细介绍修改艺术字样式的操作方法。

第1步 选中艺术字文本框，**1.** 在【形状格式】选项卡的【艺术字样式】组中单击【文本填充】下拉按钮，**2.** 在弹出的菜单中选择一种填充颜色，如图9-7所示。

第2步 可以看到艺术字的填充颜色已经改变，如图9-8所示。

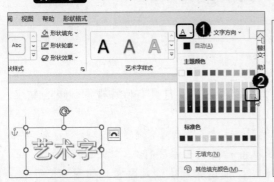

图 9-7

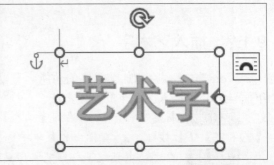

图 9-8

第3步 **1.** 在【艺术字样式】组中单击【文本轮廓】下拉按钮，**2.** 在弹出的菜单中选择一种填充颜色，如图9-9所示。

第4步 可以看到艺术字的轮廓颜色已经改变，如图9-10所示。通过以上步骤即可完成修改艺术字样式的操作。

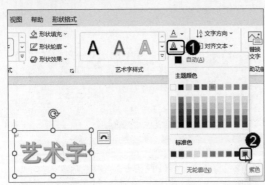

图 9-9

图 9-10

9.1.4 课堂范例——设置图片和艺术字环绕方式

插入图片和艺术字之后，用户可以设置图片和艺术字的环绕方式，环绕方式即文档中图片和文字的位置关系。由于设置图片和艺术字的环绕方式相同，下面以设置图片的环绕方式为例，详细介绍设置图片和艺术字环绕方式的操作方法。

◀◀ 扫码看视频(本节视频课程时间：34秒)

素材保存路径：配套素材\素材文件\第9章

素材文件名称：9.1.4.docx

第 1 步　将光标定位在第 2 段末尾，**1.** 切换到【插入】选项卡，**2.** 单击【图片】下拉按钮，**3.** 在弹出的菜单中选择【此设备】菜单项，如图 9-11 所示。

第 2 步　弹出【插入图片】对话框，**1.** 选择准备插入的图片，**2.** 单击【插入】按钮，如图 9-12 所示。

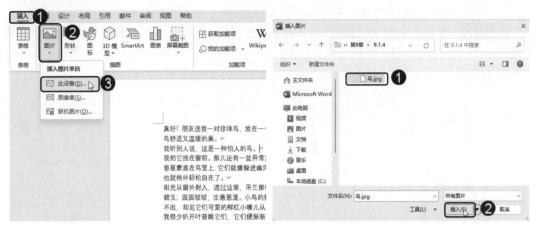

图 9-11　　　　　　　　　　　　　　　图 9-12

第 3 步　图片已经插入到文档中光标所在的位置，**1.** 在【图片格式】选项卡中单击【环绕文字】下拉按钮，**2.** 在弹出的菜单中选择【四周型】菜单项，如图 9-13 所示。

第 4 步　通过以上步骤即可完成设置图片和艺术字环绕方式的操作，如图 9-14 所示。

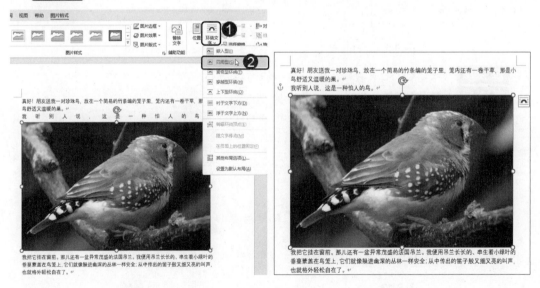

图 9-13　　　　　　　　　　　　　　　图 9-14

9.2　插入与设置文本框

在 Word 2021 办公软件中，文本框是指一种可以移动及调整大小的文字或图形容器。通过使用文本框，用户可以将 Word 文本很方便地放置到文档页面的指定位置，而不必受到段落格式、页面设置等因素的影响。

9.2.1 插入文本框并输入文字

在文档中插入文本框并输入文字的方法非常简单，下面详细介绍其操作方法。

第 1 步 新建文档，**1.** 切换到【插入】选项卡，**2.** 单击【文本】下拉按钮，**3.** 在弹出的菜单中单击【文本框】下拉按钮，**4.** 选择【绘制横排文本框】菜单项，如图 9-15 所示。

第 2 步 在文档中单击并拖动鼠标绘制文本框，如图 9-16 所示。

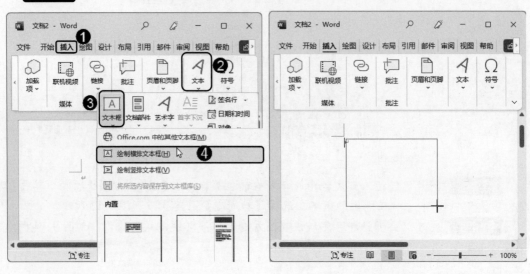

图 9-15   图 9-16

第 3 步 释放鼠标完成绘制，使用输入法输入内容，如图 9-17 所示。

第 4 步 按空格键完成输入，如图 9-18 所示。

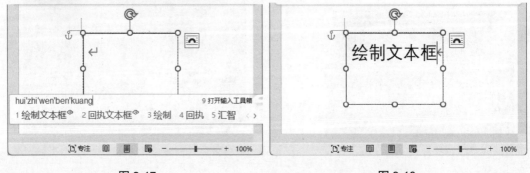

图 9-17   图 9-18

9.2.2 设置文本框大小

选中文本框，在【形状格式】选项卡中单击【大小】下拉按钮，在弹出的【高度】和【宽度】微调框中可以设置文本框的大小，如图 9-19 所示。

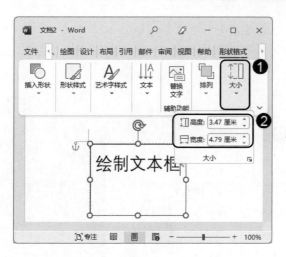

图 9-19

9.2.3 课堂范例——设置文本框样式

　　用户可以设置文本框的样式，包括设置形状填充、形状轮廓以及形状效果。设置文本框样式的方法非常简单，下面对其进行详细介绍。

◀◀ 扫码看视频(本节视频课程时间：21 秒)

素材保存路径：配套素材\素材文件\第 9 章
素材文件名称：9.2.3.docx

第 1 步 打开文档，选中文本框，**1.** 在【形状格式】选项卡的【形状样式】组中单击【形状填充】下拉按钮，**2.** 选择一种颜色，如图 9-20 所示。

第 2 步 可以看到文本框的填充颜色已经更改，如图 9-21 所示。

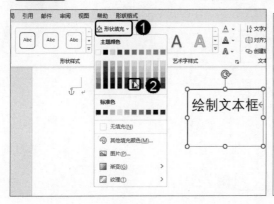

图 9-20

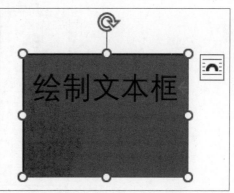

图 9-21

第 3 步 **1.** 在【形状样式】组中单击【形状效果】下拉按钮，**2.** 选择【阴影】菜单项，*3.* 选择一种效果，如【透视：右上】，如图 9-22 所示。

第4步 文本框的透视效果添加完成，如图 9-23 所示。通过以上步骤即可完成设置文本框样式的操作。

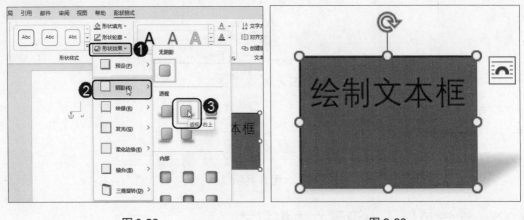

图 9-22 　　　　　　　　　　　　　　　　　图 9-23

9.3 插入与制作表格

表格由多个行或列的单元格组成，用户可以在编辑文档的过程中向单元格中添加文字或图片，使文档内容变得更加直观和形象，从而增强文档的可读性。

9.3.1 插入表格

在 Word 文档中插入表格的方法很简单，下面介绍其操作方法。

第1步 新建文档，*1.* 切换到【插入】选项卡，*2.* 单击【表格】下拉按钮，*3.* 在弹出的菜单中选择【插入表格】菜单项，如图 9-24 所示。

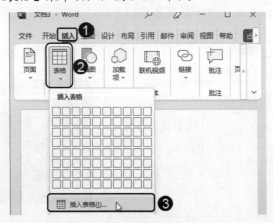

图 9-24

第2步 弹出【插入表格】对话框，*1.* 在【列数】和【行数】微调框中输入数值，

2. 单击【确定】按钮，如图 9-25 所示。

第 3 步　在文档中已经插入了一个 2 行 4 列的表格，如图 9-26 所示。

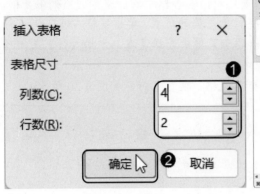

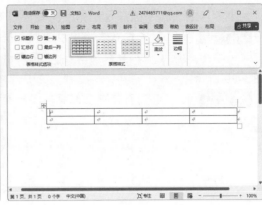

图 9-25　　　　　　　　　　　　图 9-26

知识精讲

　　除了执行【插入】→【表格】→【插入表格】命令来添加表格外，用户也可以利用铅笔工具自己绘制表格，执行【插入】→【表格】→【绘制表格】命令即可；用户还可以执行【插入】→【表格】命令，在弹出的表格矩阵中滑动鼠标指针，选择要插入表格的行、列数。

9.3.2　输入文本

插入表格后，就可以在表格中输入内容了，下面详细介绍在表格中输入文本的方法。

第 1 步　将光标定位在单元格中，使用输入法输入内容，如图 9-27 所示。

第 2 步　按空格键即可完成输入文本的操作，如图 9-28 所示。

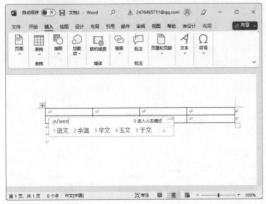

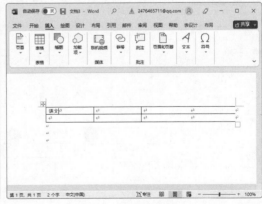

图 9-27　　　　　　　　　　　　图 9-28

9.3.3　添加整行与整列单元格

如果插入的表格不能满足工作的需要，用户还可以在表格中添加整行或整列单元格。

第 1 步　将光标定位在表格中准备插入整行单元格的位置，单击鼠标右键，*1.* 在弹出的快捷菜单中选择【插入】菜单项，*2.* 在弹出的子菜单中选择【在上方插入行】菜单项，如图 9-29 所示。

第 2 步　可以看到表格中已经插入了一行单元格，变为 4 行，如图 9-30 所示。

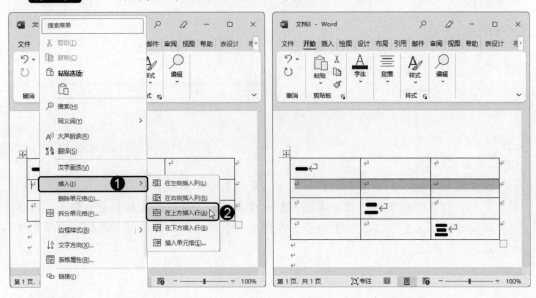

图 9-29　　　　　　　　　　　　　　　　　　　图 9-30

第 3 步　将光标定位在表格中准备插入整列单元格的位置，单击鼠标右键，*1.* 在弹出的快捷菜单中选择【插入】菜单项，*2.* 在弹出的子菜单中选择【在右侧插入列】菜单项，如图 9-31 所示。

第 4 步　可以看到表格中已经多插入了一列单元格，变为 4 列，如图 9-32 所示。

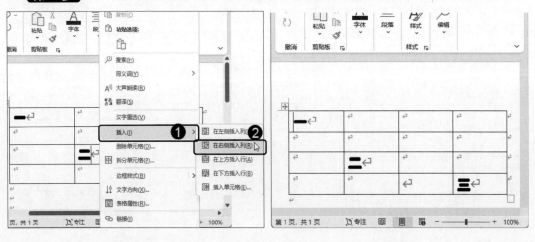

图 9-31　　　　　　　　　　　　　　　　　　　图 9-32

9.3.4 设置表格边框线

用户还可以为表格设置边框线，下面详细介绍设置表格边框线的方法。

第1步 选中表格，在【表设计】选项卡中单击【边框】组中的【启动器】按钮，如图 9-33 所示。

第2步 弹出【边框和底纹】对话框，**1.** 在【设置】区域中选择【全部】选项，**2.** 在【样式】列表框中选择边框样式，**3.** 在【颜色】下拉列表框中选择一种颜色，在【宽度】下拉列表框中选择宽度，**4.** 单击【确定】按钮，如图 9-34 所示。

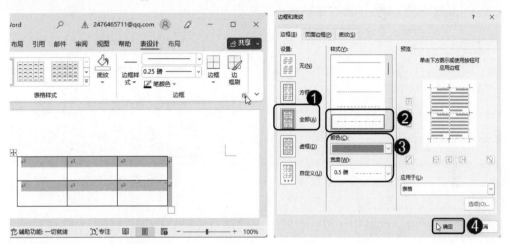

图 9-33

图 9-34

第3步 通过以上步骤即可完成设置表格边框的操作，如图 9-35 所示。

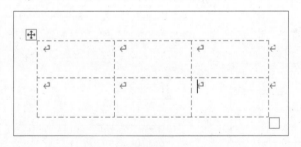

图 9-35

9.3.5 课堂范例——制作个人简历

个人简历是求职者给招聘单位的一份简要介绍，以简洁、突出重点为最佳标准。一般工作都是通过网络来找，因此一份良好的个人简历对于获得面试机会至关重要。下面详细介绍使用表格制作个人简历的方法。

◀◀ 扫码看视频(本节视频课程时间：58 秒)

效果保存路径: 配套素材\效果文件\第 9 章

效果文件名称: 9.3.5.docx

第 1 步 新建文档, **1.** 切换到【插入】选项卡, **2.** 单击【表格】下拉按钮, **3.** 选择【插入表格】菜单项, 如图 9-36 所示。

第 2 步 弹出【插入表格】对话框, **1.** 在【列数】和【行数】微调框中输入数值, **2.** 单击【确定】按钮, 如图 9-37 所示。

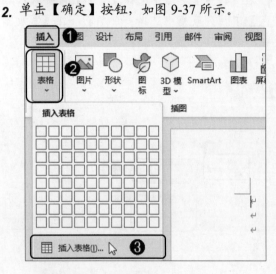

图 9-36

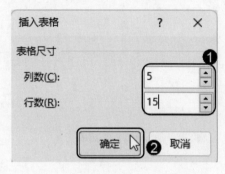

图 9-37

第 3 步 可以看到文档中已经插入表格, 此时需要调整表格的大小, 如图 9-38 所示。

第 4 步 在表格中输入内容, 如图 9-39 所示。

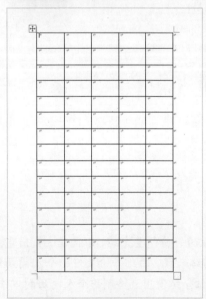

图 9-38

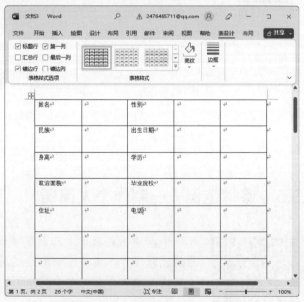

图 9-39

第5步　选中部分单元格，**1.** 切换到【布局】选项卡，**2.** 单击【合并】下拉按钮，**3.** 单击【合并单元格】按钮，如图 9-40 所示。

第6步　选中的多个单元格已经合并为一个单元格，在其他单元格中继续输入内容，如图 9-41 所示。

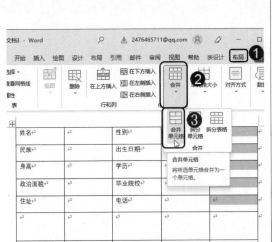

图 9-40

图 9-41

第7步　使用相同的方法合并单元格，如图 9-42 所示。

第8步　选中带有文本内容的单元格，**1.** 切换到【开始】选项卡，**2.** 单击【段落】下拉按钮，**3.** 单击【居中】按钮，如图 9-43 所示。

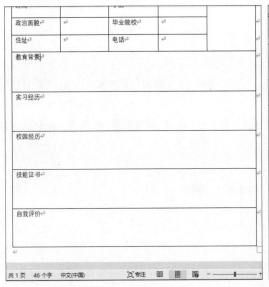

图 9-42

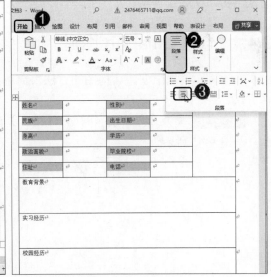

图 9-43

第9步　可以看到单元格中的文本居中显示，调整列宽，并在最右侧的单元格中输入"照片"，如图 9-44 所示。通过以上步骤即可完成制作个人简历的操作。

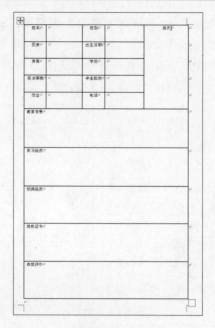

图 9-44

9.4　插入 SmartArt 图形

SmartArt 图形是信息和观点的视觉表示形式，可以通过在多种不同布局中进行选择来创建 SmartArt 图形，从而快速、轻松、有效地传达信息。SmartArt 图形主要用于演示流程、层次结构、循环或关系。

9.4.1　创建 SmartArt 图形

在 Word 文档中创建结构图的方法很简单，下面介绍在文档中创建 SmartArt 图形的操作方法。

第 1 步　新建文档，1. 切换到【插入】选项卡，2. 在【插图】组中单击 SmartArt 按钮，如图 9-45 所示。

图 9-45

第 2 步 弹出【选择 SmartArt 图形】对话框，**1.** 在最左侧的列表框中选择【全部】选项，**2.** 在中间的列表框中选择【交替六边形】选项，**3.** 单击【确定】按钮，如图 9-46 所示。

第 3 步 通过以上步骤即可在文档中插入 SmartArt 图形，如图 9-47 所示。

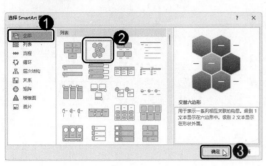

图 9-46

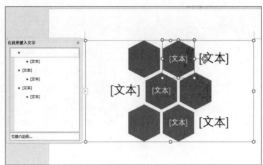

图 9-47

9.4.2 在 SmartArt 图形中输入内容

在文档中插入图形后，就可以在图形中输入内容了。

第 1 步 将光标定位在左侧的【在此处键入文字】窗格中的第 1 行，使用输入法输入内容，如图 9-48 所示。

第 2 步 按空格键即可完成输入内容的操作，使用相同的方法可以在其他的图形中输入相应的内容，如图 9-49 所示。

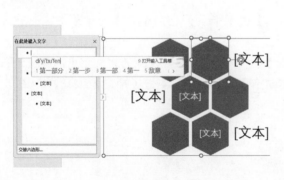

图 9-48

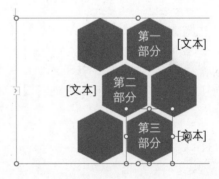

图 9-49

9.4.3 改变 SmartArt 图形的形状和外观

用户还可以根据需要更改 SmartArt 图形的形状和外观，下面介绍改变图形形状和外观的操作方法。

第 1 步 选中 SmartArt 图形中的单个图形，**1.** 切换到【格式】选项卡，**2.** 单击【更改形状】下拉按钮，**3.** 在弹出的形状库中选择一个形状，如【椭圆】，如图 9-50 所示。

第 2 步 使用相同的方法将其他图形的形状也进行更改，如图 9-51 所示。

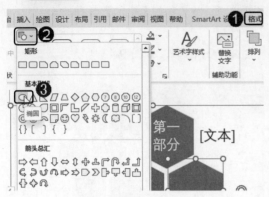

图 9-50

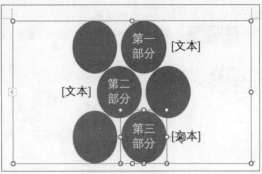

图 9-51

9.4.4 课堂范例——绘制流程图

流程图是对过程、算法、流程的一种图像表示，在技术设计、交流及商业简报等领域均有广泛的应用。下面以制作产品生产流程图为例，介绍使用 SmartArt 图形绘制流程图的方法。

◄◄ 扫码看视频(本节视频课程时间：46 秒)

效果保存路径：配套素材\效果文件\第 9 章

效果文件名称：9.4.4.docx

第 1 步 新建文档，*1.* 切换到【插入】选项卡，*2.* 在【插图】组中单击 SmartArt 按钮，如图 9-52 所示。

第 2 步 弹出【选择 SmartArt 图形】对话框，*1.* 在最左侧的列表框中选择【流程】选项，*2.* 在中间的列表框中选择【基本流程】选项，*3.* 单击【确定】按钮，如图 9-53 所示。

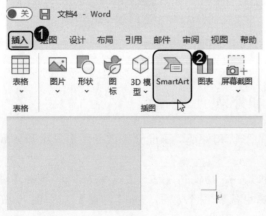

图 9-52   图 9-53

第3步 可以看到文档中已经插入 SmartArt 图形，如图 9-54 所示。

第4步 选中图形，**1.** 在【SmartArt 设计】选项卡中单击【版式】下拉按钮，**2.** 在弹出的版式库中选择一个版式，如图 9-55 所示。

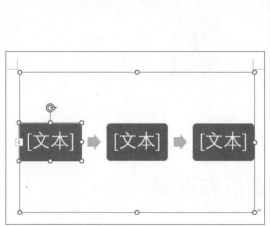

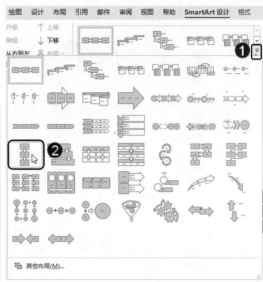

图 9-54　　　　　　　　　　　　　　　　图 9-55

第5步 选将光标定位在第 1 个图形中，使用输入法输入内容，如图 9-56 所示。

第6步 使用相同方法在其他图形中继续输入内容，如图 9-57 所示。

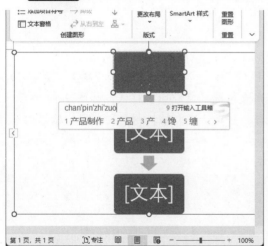

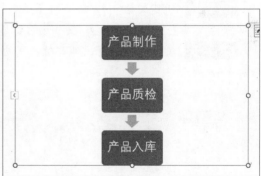

图 9-56　　　　　　　　　　　　　　　　图 9-57

第7步 **1.** 单击【更改颜色】下拉按钮，**2.** 在弹出的颜色搭配库中选择一种颜色进行搭配，如图 9-58 所示。

第8步 **1.** 单击【SmartArt 样式】下拉按钮，**2.** 在弹出的样式库中选择一种样式，如图 9-59 所示。

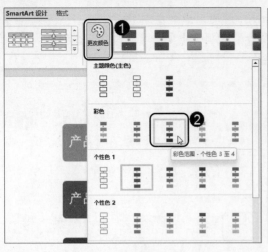

图 9-58

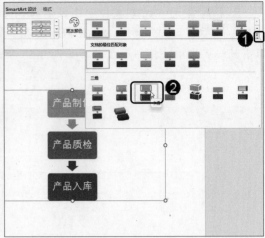

图 9-59

9.5　制作页眉和页脚

在页眉和页脚中可以输入创建文档的基本信息，例如在页眉中输入文档名称、章节标题或作者名称等信息，在页脚中输入文档的创建时间、页码等，不仅能够使文档更美观，还能向读者快速传递文档所要表达的信息。

9.5.1　插入页眉和页脚

在 Word 文档中插入页眉和页脚的方法很简单，下面介绍其操作方法。

第 1 步　新建文档，**1.** 切换到【插入】选项卡，**2.** 单击【页眉和页脚】下拉按钮，**3.** 单击【页眉】下拉按钮，**4.** 在内置的页眉列表中选择【空白】样式，如图 9-60 所示。

第 2 步　文档的每一页顶部都插入了页眉，并显示【文档标题】文本域，输入内容，如图 9-61 所示。

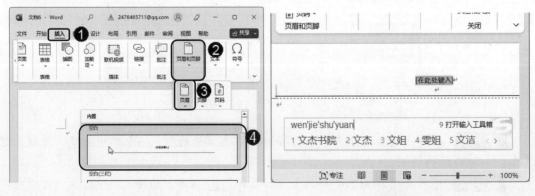

图 9-60

图 9-61

第3步 **1.** 在【页眉和页脚】选项卡中单击【页脚】下拉按钮，**2.** 在内置的页脚列表中选择【空白】样式，如图 9-62 所示。

第4步 文档自动跳转到页脚编辑状态，如图 9-63 所示。

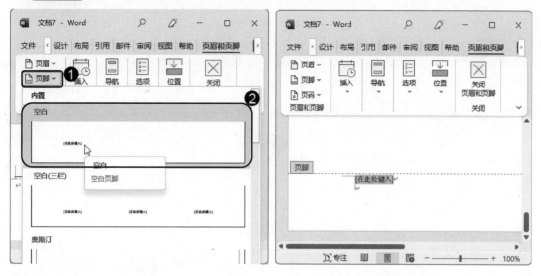

图 9-62   图 9-63

第5步 输入数字"1"，单击【关闭页眉和页脚】按钮，即可完成插入页眉和页脚的操作，如图 9-64 所示。

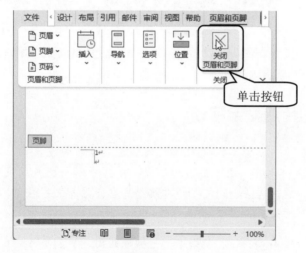

图 9-64

9.5.2 添加页码

插入完页眉和页脚后，用户还可以为文档添加页码，下面介绍为文档添加页码的操作方法。

第1步 打开文档，**1.** 切换到【插入】选项卡，**2.** 单击【页眉和页脚】下拉按钮，**3.** 单击【页码】下拉按钮，**4.** 在弹出的菜单中选择【页面底端】菜单项，**5.** 在弹出的子

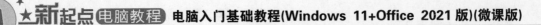

菜单中选择【普通数字1】样式,如图9-65所示。

第2步 可以看到文档的页脚部分已经插入了阿拉伯数字1,单击【关闭页眉和页脚】按钮,即可完成添加页码的操作,如图9-66所示。

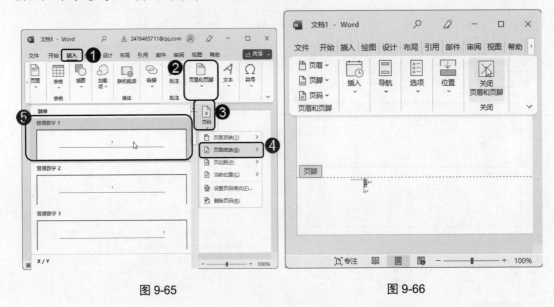

图 9-65　　　　　　　　　　　　　　　图 9-66

9.6 实践案例与上机指导

通过本章的学习,读者基本可以掌握使用 Word 2021 制作文档的常规操作方法,下面将通过练习操作,来帮助达到巩固学习、拓展提高的目的。

9.6.1 设置图片随文字移动

在修改已排好版的文档时,有时会发生图片位置混乱的情况,十分麻烦,还需要重新排版,用户可以将图片设置成跟随文字移动的模式,这样增删文字的时候图片也会跟着文字移动,下面详细介绍其操作方法。

◀◀ 扫码看视频(本节视频课程时间: 31 秒)

素材保存路径: 配套素材\素材文件\第9章
素材文件名称: 赤壁赋.docx

第1步 打开素材文档,选中文档中的图片,**1.** 切换到【图片格式】选项卡,**2.** 单击【排列】下拉按钮,**3.** 在弹出的菜单中单击【位置】下拉按钮,**4.** 在弹出的子菜单中选择【其他布局选项】菜单项,如图9-67所示。

第2步 弹出【布局】对话框,**1.** 切换到【文字环绕】选项卡,**2.** 选择【四周型】

环绕方式，如图 9-68 所示。

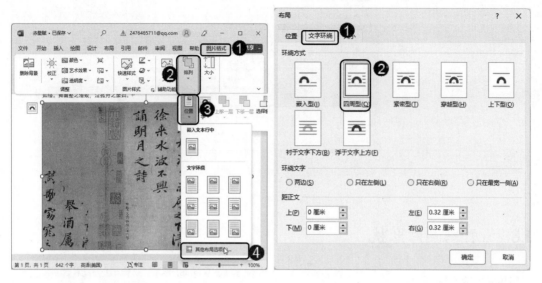

图 9-67　　　　　　　　　　　　　　　　图 9-68

第 3 步　*1.* 切换到【位置】选项卡，*2.* 选中【对象随文字移动】复选框，*3.* 单击【确定】按钮，如图 9-69 所示。

第 4 步　*1.* 在【图片格式】选项卡中单击【大小】下拉按钮，*2.* 在【高度】微调框中输入数值调整图片大小，如图 9-70 所示。

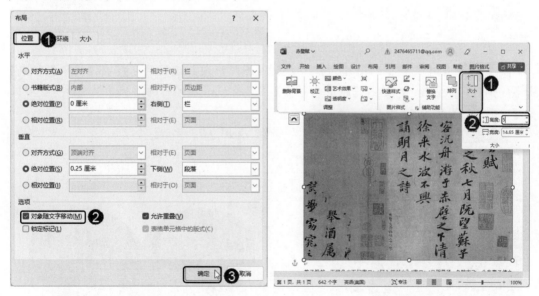

图 9-69　　　　　　　　　　　　　　　　图 9-70

第 5 步　通过以上步骤即可完成设置图片随文字移动的操作，如图 9-71 所示。

图 9-71

9.6.2 裁剪图片形状

用户可以将插入的图片裁剪成不同的形状，Word 2021 为用户提供了矩形、基本形状、箭头总汇、公式形状、流程图、星与旗帜以及标注等几种不同的图形。将插入的图片裁剪成不同形状的方法非常简单，下面详细介绍其操作方法。

◀◀ 扫码看视频(本节视频课程时间：19 秒)

素材保存路径：配套素材\素材文件\第 9 章
素材文件名称：9.6.2.docx

第1步 选中文档中的图片，**1.** 切换到【图片格式】选项卡，**2.** 在【大小】组中单击【裁剪】下拉按钮，**3.** 选择【裁剪为形状】菜单项，**4.** 在弹出的形状库中选择一个形状，如【心形】，如图 9-72 所示。

第2步 可以看到图形已经被裁剪为心形，如图 9-73 所示。

图 9-72   图 9-73

9.6.3　分栏排版

　　分栏是报纸编辑格式，是指在报纸编辑中，将报纸的版面划分为若干栏。在 Word 2021 中，用户也可以将文档内容进行分栏排版，下面介绍其操作方法。

◀◀ 扫码看视频(本节视频课程时间：13 秒)

　素材保存路径：配套素材\素材文件\第 9 章

　　素材文件名称：9.6.3.docx

　　第 1 步　将光标定位在准备进行分栏的页面中，**1.** 切换到【布局】选项卡，**2.** 在【页面设置】组中单击【栏】下拉按钮，**3.** 选择【两栏】菜单项，如图 9-74 所示。

　　第 2 步　可以看到文档已经被分成两栏，如图 9-75 所示。

图 9-74

图 9-75

9.7　思考与练习

一、填空题

1. 在 Word 2021 中，可以插入多种格式的图片，如_____、.png 和_____等。

2. 除了可以插入图片之外，用户还可以在文档中插入联机图片。Word 2021 内部提供了联机剪辑库，其中包含 Web 元素、_____、标志、_____和符号等。

3. SmartArt 图形主要用于演示流程、_____、循环或_____。

二、判断题

1. Word 不但擅长处理普通文本内容，还擅长编辑带有图形对象的文档，即图文混排。在文档中添加图片，可以使文档看起来生动、形象，充满活力。用户可以使用 Word 设计并制作图文并茂、内容丰富的文档。　　　　　　　　　　　　　　　　　　　（　　）

2. 表格由多个行或列的单元格组成，用户可以在编辑文档的过程中向单元格中添加文字或图片，使文档内容变得更加直观和形象，从而增强文档的可读性。　　　　（　　）

三、思考题

1. 在 Word 2021 中如何给表格添加整行单元格？

2. 在 Word 2021 中如何创建 SmartArt 图形？

新起点 电脑教程

第 10 章

Excel 2021 电子表格基础操作

本章要点

- 使用工作簿和工作表
- 输入数据
- 修改表格格式

本章主要内容

本章主要介绍使用工作簿和工作表以及输入数据方面的知识与技巧，同时还讲解如何修改表格格式，在本章的最后针对实际工作需求，讲解设置单元格文本自动换行、输入货币符号和删除最近使用过的工作表的方法。通过本章的学习，读者可以掌握 Excel 2021 电子表格基础操作方面的知识，为深入学习 Windows 11 和 Excel 2021 知识奠定基础。

10.1 使用工作簿和工作表

Excel 2021 是 Office 2021 中一个重要的组成部分,主要用于完成日常表格制作和数据计算等操作。使用 Excel 2021 前首先要初步了解 Excel 2021 的基本知识,本节将予以详细介绍。

10.1.1 工作簿和工作表之间的关系

工作簿中的每一个表格都被称为工作表,工作表的集合即组成了一个工作簿。而单元格是工作表中的表格单位,用户通过在工作表中编辑单元格来分析和处理数据。工作簿、工作表与单元格是相互依存的关系,一个工作簿中可以有多个工作表,而一个工作表中又包含多个单元格,三者组合成为 Excel 2021 中最基本的三个元素。

10.1.2 新建与保存工作簿

新建与保存工作簿的方法非常简单,下面详细介绍其操作方法。

第1步 在桌面上,**1.** 单击【开始】按钮,打开【开始】菜单,**2.** 单击 Excel 程序图标,如图 10-1 所示。

图 10-1

第2步 进入 Excel 2021 创建界面,在提供的模板中选择【空白工作簿】模板,如图 10-2 所示。

第3步 此时已经新建了一个名为"工作簿 1"的工作簿,切换到【文件】选项卡,如图 10-3 所示。

图 10-2　　　　　　　　　　　　　　　　图 10-3

第 4 步 进入 Backstage 视图，**1.** 选择【另存为】菜单项，**2.** 选择【浏览】菜单项，如图 10-4 所示。

第 5 步 弹出【另存为】对话框，**1.** 设置存储位置，**2.** 在【文件名】文本框中输入名称，**3.** 单击【保存】按钮，如图 10-5 所示。

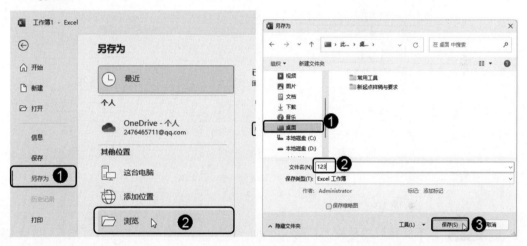

图 10-4　　　　　　　　　　　　　　　　图 10-5

第 6 步 返回到工作簿中，可以看到工作簿的名称已经变为"123"，如图 10-6 所示。通过以上步骤即可完成新建与保存工作簿的操作。

图 10-6

智慧锦囊

　　除了使用上面的方法保存工作簿之外，按组合键 Ctrl+S，也可以进入 Backstage 视图，对工作簿进行保存操作。

10.1.3　新建与命名工作表

　　新创建的工作簿默认含有一个名为"Sheet1"的工作表，用户可以根据需要新建并修改工作表的名称。下面介绍新建与命名工作表的操作方法。

　　第1步　鼠标右键单击工作表的名称，在弹出的快捷菜单中选择【重命名】菜单项，如图 10-7 所示。

　　第2步　可以看到此时表格名称处于可编辑状态，使用输入法输入新的名称，如图 10-8 所示。

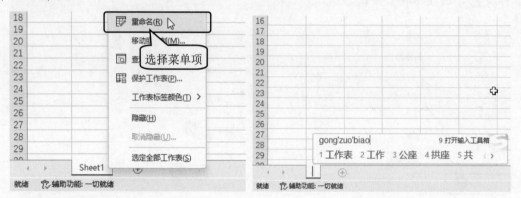

图 10-7　　　　　　　　　　　　　　　　　图 10-8

　　第3步　按下空格键确认输入，再按 Enter 键即可完成重命名工作表的操作，单击【新工作表】按钮⊕，如图 10-9 所示。

　　第4步　在原有工作表的后方创建了一个名为"Sheet2"的工作表，即可完成新建工作表的操作，如图 10-10 所示。

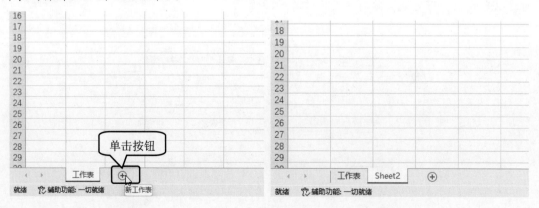

图 10-9　　　　　　　　　　　　　　　　　图 10-10

10.1.4　选择和切换工作表

当一个工作簿中有多个工作表时，选择与切换工作表的操作是必不可少的。鼠标单击准备切换到的工作表名称，如果被选择的工作表名称变为绿色，就表示已切换到该工作表中，如图 10-11、图 10-12 所示。

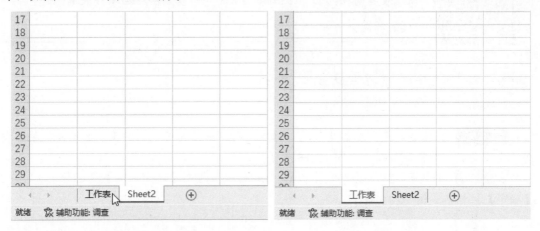

图 10-11　　　　　　　　　　　　　　图 10-12

10.1.5　删除多余的工作表

在 Excel 2021 工作簿中，用户可以删除不再使用的工作表，以节省计算机资源，下面介绍删除工作表的操作方法。

第 1 步 鼠标右键单击准备删除的工作表名称，如 "Sheet2"，在弹出的快捷菜单中选择【删除】菜单项，如图 10-13 所示。

第 2 步 可以看到名为 "Sheet2" 的工作表已经被删除，如图 10-14 所示。

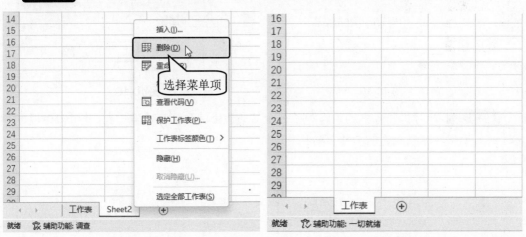

图 10-13　　　　　　　　　　　　　　图 10-14

10.1.6 课堂范例——移动与复制工作表

移动工作表是指在不改变工作表数量的情况下,对工作表的位置进行调整,而复制工作表则是在原工作表数量的基础上,再创建一个与原工作表有同样内容的工作表。下面介绍复制和移动工作表的方法。

◀◀ 扫码看视频(本节视频课程时间:51 秒)

 素材保存路径:配套素材\素材文件\第 10 章
素材文件名称:10.1.6. xlsx

第 1 步 鼠标右键单击准备复制的工作表名称,如"登记表",在弹出的快捷菜单中选择【移动或复制】菜单项,如图 10-15 所示。

第 2 步 弹出【移动或复制工作表】对话框,**1.** 选中【建立副本】复选框,**2.** 单击【确定】按钮,如图 10-16 所示。

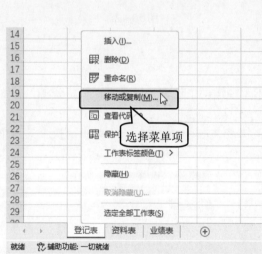

图 10-15

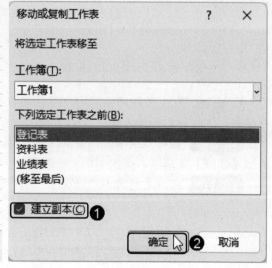

图 10-16

第 3 步 此时工作簿中已经添加了一个名为"登记表(2)"的工作表,如图 10-17 所示。通过以上步骤即可完成复制工作表的操作。

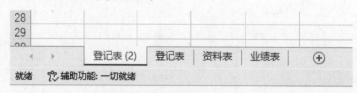

图 10-17

第 4 步 鼠标右键单击准备移动的工作表名称,如"资料表",在弹出的快捷菜单中选择【移动或复制】菜单项，如图 10-18 所示。

第 5 步 弹出【移动或复制工作表】对话框，**1.** 在【工作簿】下拉列表框中选择【(新工作簿)】选项，**2.** 单击【确定】按钮，如图 10-19 所示。

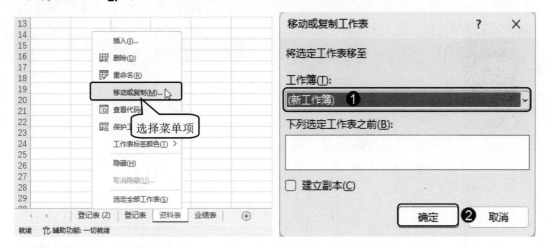

图 10-18　　　　　　　　　　　　　　　　图 10-19

第 6 步 此时 Excel 2021 自动新建了一个名为"工作簿 2"的新工作簿，可以看到该工作簿中已含一个名为"资料表"的工作表，而原来的"工作簿 1"中的"资料表"已经消失，如图 10-20 所示。通过以上步骤即可完成移动工作表的操作。

图 10-20

10.2　输　入　数　据

数据是表格中不可缺少的元素之一，对于单元格中输入的数据，Excel 会自动根据数据的特征进行处理并将其显示出来。本节将介绍有关数据输入方面的知识。

10.2.1 选择单元格与输入文本

在单元格中输入最多的内容就是文本信息，如输入工作表的标题、图表中的内容等，下面介绍选择单元格并输入文本的方法。

第1步 打开工作簿，选中准备输入文本的单元格，使用输入法输入文本内容，如图 10-21 所示。

第2步 按空格键完成输入，按 Enter 键退出编辑状态，如图 10-22 所示。

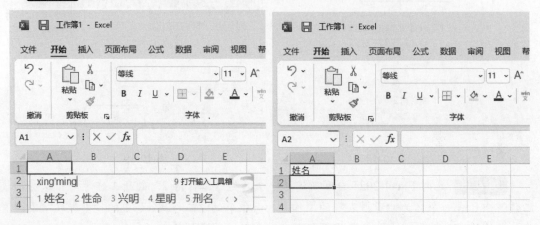

图 10-21　　　　　　　　　　　　　　　　图 10-22

10.2.2 输入以"0"开头的员工编号

使用 Excel 2021 在单元格中输入以"0"开头的序号时，Excel 会"自作主张"地把前面的"0"给删除，只显示后面的数字，下面详细介绍解决此类问题的方法。

第1步 选中单元格，*1.* 在【开始】选项卡中单击【数字】下拉按钮，*2.* 在弹出的菜单中单击【常规】下拉按钮，*3.* 选择【文本】菜单项，如图 10-23 所示。

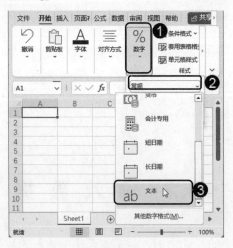

图 10-23

第2步　在单元格中输入"01"，按 Enter 键，可以看到单元格中显示"01"，如图 10-24 所示。

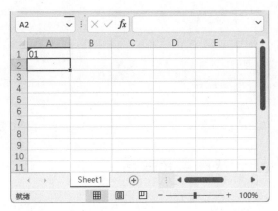

图 10-24

10.2.3　设置日期格式

把 Excel 工作表中的单元格设置为日期格式后，输入数字即可显示为日期。下面详细介绍设置单元格日期格式的操作方法。

第1步　选中单元格，**1.** 在【开始】选项卡中单击【数字】下拉按钮，**2.** 在弹出的菜单中单击【启动器】按钮 □，如图 10-25 所示。

第2步　弹出【设置单元格格式】对话框，**1.** 在【数字】选项卡中选择【日期】选项，**2.** 在【类型】列表框中选择准备使用的日期样式类型，**3.** 单击【确定】按钮，如图 10-26 所示。

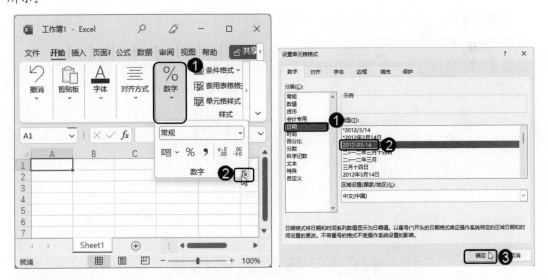

图 10-25　　　　　　　　　　　　　　　　图 10-26

第3步　在单元格中输入日期后按 Enter 键，如图 10-27 所示。

第4步　文本会自动变成设置的日期格式，如图 10-28 所示。

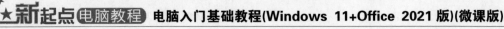
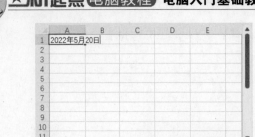
图 10-27

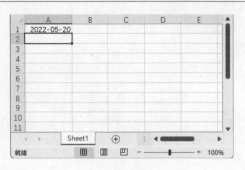
图 10-28

10.2.4　课堂范例——快速填充数据

　　Excel 2021 的 "快速填充" 功能会根据用户数据中识别的模式一次性输入剩余数据。用户可以使用填充柄进行数据的快速填充。下面详细介绍快速填充数据的方法。

◀◀ 扫码看视频(本节视频课程时间：17 秒)

　　素材保存路径：配套素材\素材文件\第 10 章
　　素材文件名称：10.2.4.xlsx

　　第 1 步　选择准备输入数据的单元格，将鼠标指针移动至单元格区域右下角处，此时鼠标指针变为 "十" 形状，单击并向下拖动鼠标指针至合适位置，释放鼠标，如图 10-29所示。

　　第 2 步　可以看到单元格中已经填充了相应的序号，通过以上步骤即可完成快速填充数据的操作，如图 10-30 所示。

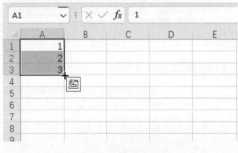
图 10-29

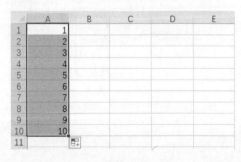
图 10-30

10.3　修改表格格式

　　表格内容基本建立完成后，为了使其外观更加美观、清晰，需要用户对表格格式进行修改。修改表格格式包括选择单元格或单元格区域、添加和设置表格边框、合并与拆分单元格等内容。

10.3.1　选择单元格或单元格区域

在表格中选择单元格或单元格区域的方法非常简单，下面将予以详细介绍。

第 1 步 单击一个单元格即可选择该单元格，如图 10-31 所示。

第 2 步 单击并拖动鼠标左键至适当位置，释放鼠标，即可选择连续的单元格区域，如图 10-32 所示。

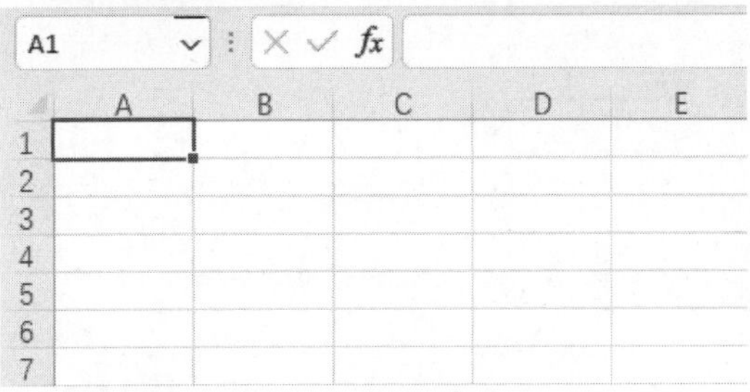

图 10-31 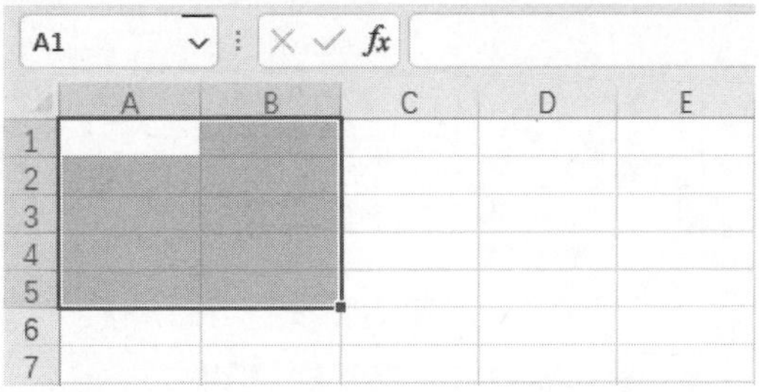　　　　　　　　　　　　　　　图 10-32

第 3 步 先选择一个单元格，然后按住 Ctrl 键不放，再单击其他单元格，即可选择不连续的单元格区域，如图 10-33 所示。

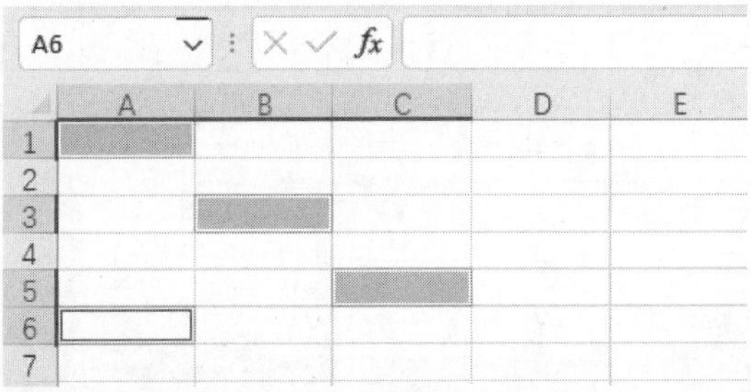

图 10-33

10.3.2　添加和设置表格边框

在 Excel 2021 中用户可以为表格设置边框，为表格设置边框的方法很简单，下面介绍其操作方法。

第 1 步 选中整个表格，**1.** 在【开始】选项卡中单击【单元格】下拉按钮，**2.** 单击【格式】下拉按钮，**3.** 选择【设置单元格格式】菜单项，如图 10-34 所示。

第 2 步 弹出【设置单元格格式】对话框，**1.** 切换到【边框】选项卡，**2.** 在【样式】列表框中选择边框样式，**3.** 在【预置】选项组中选择【外边框】和【内部】选项，**4.** 在【颜色】下拉列表框中选择一种颜色，**5.** 单击【确定】按钮，如图 10-35 所示。

第 3 步 通过上述操作即可完成添加和设置表格边框的操作，如图 10-36 所示。

图 10-34　　　　　　　　　　　　　　　图 10-35

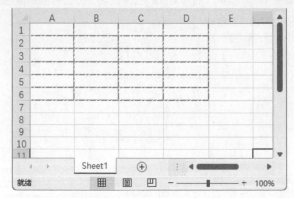

图 10-36

10.3.3　合并与拆分单元格

在 Excel 2021 中，用户可以通过合并单元格操作将两个或多个单元格组合在一起，也可以将合并后的单元格进行拆分。下面介绍合并与拆分单元格的方法。

第 1 步　选中准备合并的单元格，**1.** 在【开始】选项卡中单击【对齐方式】下拉按钮，**2.** 在弹出的菜单中单击【合并后居中】按钮，如图 10-37 所示。

第 2 步　通过上述操作即可完成合并单元格的操作，如图 10-38 所示。

第 3 步　选中准备拆分的单元格，**1.** 在【开始】选项卡中单击【对齐方式】下拉按钮，**2.** 在弹出的菜单中单击【合并后居中】下拉按钮，**3.** 在弹出的子菜单中选择【取消单元格合并】菜单项，如图 10-39 所示。

第 4 步　通过上述操作即可完成合并与拆分单元格的操作，如图 10-40 所示。

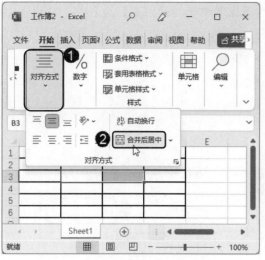

图 10-37

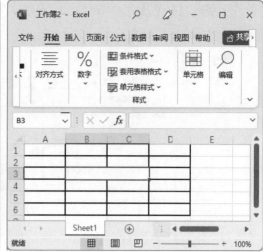

图 10-38

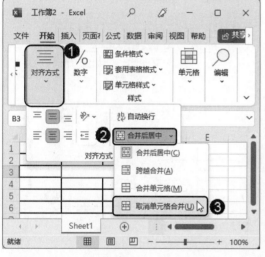

图 10-39

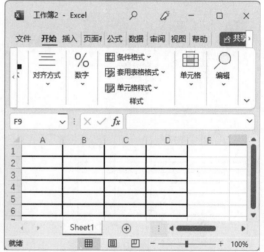

图 10-40

10.3.4　设置行高与列宽

在单元格中输入数据时，会出现数据和单元格的尺寸不符的情况，用户可以对单元格的行高和列宽进行设置，下面介绍设置行高和列宽的操作方法。

第 1 步　选中单元格，**1.** 在【开始】选项卡中单击【单元格】下拉按钮，**2.** 在弹出的菜单中单击【格式】下拉按钮，**3.** 在弹出的子菜单中选择【行高】菜单项，如图 10-41 所示。

第 2 步　弹出【行高】对话框，**1.** 在【行高】文本框中输入"30"，**2.** 单击【确定】按钮，如图 10-42 所示。

第 3 步　可以看到被选中单元格所在的行高已经改变，如图 10-43 所示。

第 4 步　选中单元格，**1.** 在【开始】选项卡中单击【单元格】下拉按钮，**2.** 在弹出的菜单中单击【格式】下拉按钮，**3.** 在弹出的子菜单中选择【列宽】菜单项，如图 10-44 所示。

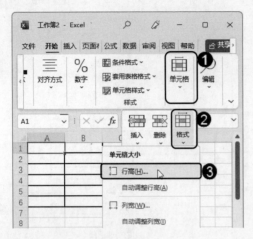

图 10-41

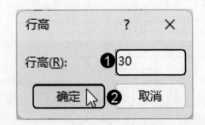

图 10-42

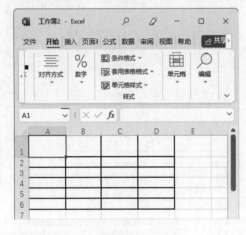

图 10-43

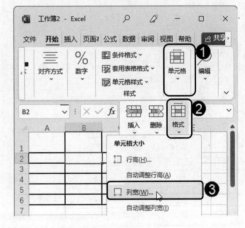

图 10-44

第5步 弹出【列宽】对话框，**1.** 在【列宽】文本框中输入"16"，**2.** 单击【确定】按钮，如图 10-45 所示。

第6步 通过以上步骤即可完成设置行高与列宽的操作，如图 10-46 所示。

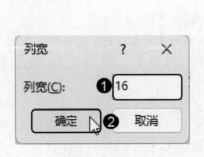

图 10-45

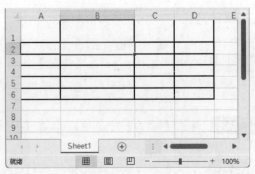

图 10-46

10.3.5　插入或删除行与列

用户可以根据需要插入或删除行和列，下面介绍插入与删除行和列的方法。

第 1 步　选中准备插入整行单元格的位置，*1.* 在【开始】选项卡中单击【单元格】下拉按钮，*2.* 在弹出的菜单中单击【插入】下拉按钮，*3.* 在弹出的子菜单中选择【插入工作表行】菜单项，如图 10-47 所示。

第 2 步　可以看到在选中单元格的上方插入了一行空白单元格，如图 10-48 所示。通过以上步骤即可完成插入行的操作。

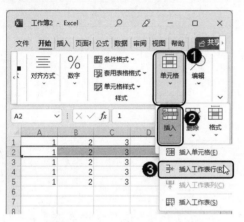

图 10-47

图 10-48

第 3 步　选中准备插入整列单元格的位置，*1.* 在【开始】选项卡中单击【单元格】下拉按钮，*2.* 在弹出的菜单中单击【插入】下拉按钮，*3.* 在弹出的子菜单中选择【插入工作表列】菜单项，如图 10-49 所示。

第 4 步　可以看到在选中单元格的左侧插入了一列空白单元格，如图 10-50 所示。通过以上步骤即可完成插入列的操作。

图 10-49

图 10-50

第5步 选中准备删除整行单元格的位置，1. 在【开始】选项卡中单击【单元格】下拉按钮，2. 在弹出的菜单中单击【删除】下拉按钮，3. 在弹出的子菜单中选择【删除工作表行】菜单项，如图 10-51 所示。

第6步 可以看到刚刚插入的一行空白单元格已经被删除，如图 10-52 所示。通过以上步骤即可完成删除行的操作。

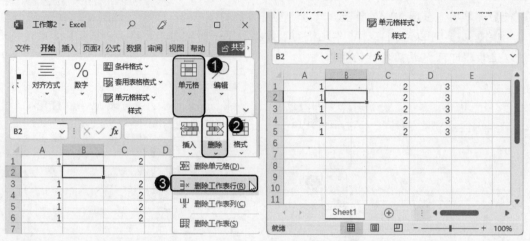

图 10-51   图 10-52

第7步 选中准备删除整列单元格的位置，1. 在【开始】选项卡中单击【单元格】下拉按钮，2. 在弹出的菜单中单击【删除】下拉按钮，3. 在弹出的子菜单中选择【删除工作表列】菜单项，如图 10-53 所示。

第8步 可以看到刚刚插入的一列空白单元格已经被删除，通过以上步骤即可完成删除列的操作，如图 10-54 所示。

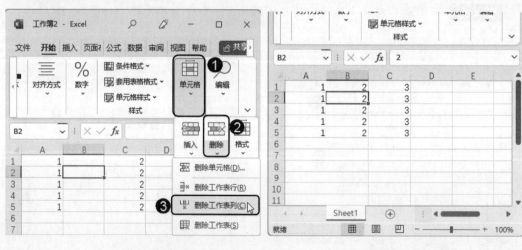

图 10-53   图 10-54

10.3.6 课堂范例——改变文字方向

如果让部分单元格中的文字以垂直方向显示,有时可让表格更容易阅读,例如让横跨几行的大标题以垂直方向显示,标题会更醒目。下面将介绍改变单元格中文字方向的方法。

◀◀ 扫码看视频(本节视频课程时间:31 秒)

素材保存路径: 配套素材\素材文件\第 10 章

素材文件名称: 10.3.6.xlsx

第1步 打开素材表格,选中 A2:A5 单元格区域,鼠标右键单击单元格,在弹出的快捷菜单中选择【设置单元格格式】菜单项,如图 10-55 所示。

图 10-55

第2步 弹出【设置单元格格式】对话框, **1.** 切换到【对齐】选项卡, **2.** 在【方向】选项组中单击【垂直】按钮, **3.** 选中【合并单元格】复选框, **4.** 单击【确定】按钮,如图 10-56 所示。

第3步 通过以上步骤即可完成将单元格中的文字改成垂直方向的操作,如图 10-57 所示。

图 10-56

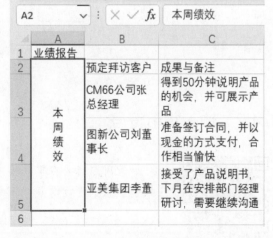

图 10-57

10.4   实践案例与上机指导

通过本章的学习，读者基本可以掌握 Excel 2021 的基础知识以及一些常规的操作方法，下面将通过练习操作，来帮助读者达到巩固学习、拓展提高的目的。

10.4.1   设置单元格文本自动换行

如果单元格中的内容太多，一行放不下，用户可以为单元格设置自动换行，单元格会自动增大行高以适应文本内容。下面详细介绍为单元格设置自动换行的操作方法。

◀◀ 扫码看视频(本节视频课程时间：15 秒)

素材保存路径：配套素材\素材文件\第 10 章
素材文件名称：10.4.1.xlsx

第1步 选中单元格，**1.** 在【开始】选项卡中单击【对齐方式】下拉按钮，**2.** 在弹出的菜单中单击【自动换行】按钮，如图 10-58 所示。

第2步 可以看到单元格中的文本已经呈两行显示，如图 10-59 所示。通过以上步骤即可完成给单元格文本设置换行的操作。

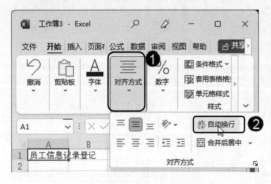

图 10-58

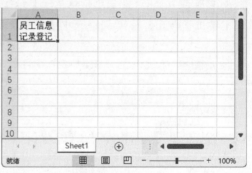

图 10-59

10.4.2   输入货币符号

如果用户想要在单元格中输入货币符号，可以在【开始】选项卡的【数字】组中进行设置，下面详细介绍输入货币符号的操作方法。

◀◀ 扫码看视频(本节视频课程时间：26 秒)

效果保存路径：配套素材\效果文件\第 10 章

效果文件名称：10.4.2.xlsx

第 1 步 新建空白文档，选中 A1 单元格，**1.** 在【开始】选项卡中单击【数字】下拉按钮，**2.** 在弹出的菜单中单击【启动器】按钮，如图 10-60 所示。

图 10-60

第 2 步 弹出【设置单元格格式】对话框，**1.** 在【数字】选项卡的【分类】列表框中选择【货币】选项，**2.** 在【货币符号】下拉列表框中选择准备使用的货币样式，**3.** 在【负数】列表框中选择一种类型，**4.** 单击【确定】按钮，如图 10-61 所示。

第 3 步 在单元格中输入数字，如图 10-62 所示。

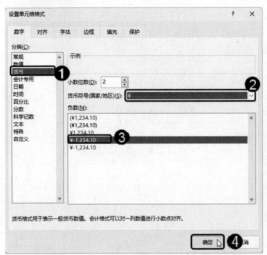

图 10-61

图 10-62

第 4 步 按 Enter 键即可显示货币符号，如图 10-63 所示。

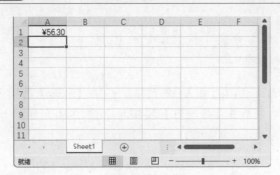

图 10-63

10.4.3 删除最近使用过的工作簿

　　Excel 2021 可以记录最近使用过的 Excel 工作簿,方便用户快速打开它们,用户也可以将这些记录信息删除。下面详细介绍删除最近使用过的工作簿的操作方法。

◀◀ 扫码看视频(本节视频课程时间:18 秒)

　　第 1 步 启动 Excel 2021 程序,进入主界面,在【最近】选项下可以看到最近打开的工作簿,鼠标右键单击工作簿名称,在弹出的快捷菜单中选择【从列表中删除】菜单项,如图 10-64 所示。

　　第 2 步 可以看到该记录已经被删除,如图 10-65 所示。通过以上步骤即可完成删除最近使用过的工作簿的操作。

图 10-64　　　　　　　　　　　　　图 10-65

10.5 思考与练习

一、填空题

1. 在 Excel 2021 中，用户可以通过_____操作将两个或多个单元格组合在一起，也可以将合并后的单元格进行拆分。

2. 如果单元格中的内容太多，一行放不下，用户可以为单元格设置_____，单元格会自动增大行高以适应文本内容。

二、判断题

1. 工作簿中的每一个表格都被称为工作表，工作表的集合即组成了一个工作簿。而单元格是工作表中的表格单位，用户通过在工作表中编辑单元格来分析和处理数据。工作簿、工作表与单元格是相互依存的关系，一个工作簿中可以有多个工作表，而一个工作表中又含有多个单元格，三者组合成为 Excel 2021 中最基本的三个元素。   (   )

2. 新创建的工作簿默认含有一个名为 "Sheet1" 的工作表，用户可以根据需要新建并修改工作表的名称。   (   )

3. 复制工作表是在不改变工作表数量的情况下，对工作表的位置进行调整；而移动工作表则是在原工作表数量的基础上，再创建一个与原工作表有同样内容的工作表。(   )

三、思考题

1. 在 Excel 2021 中如何删除工作表？
2. 在 Excel 2021 中如何设置日期格式？

新起点

第11章

数据计算与数据分析

本章要点

- 引用单元格
- 使用公式计算数据
- 使用函数
- 排序与筛选数据
- 数据的分类汇总
- 图表的设计与制作

本章主要内容

本章主要介绍引用单元格、使用公式计算数据、使用函数、排序与筛选数据和数据的分类汇总方面的知识与技巧，同时还讲解如何设计与制作图表，在本章的最后针对实际工作需求，讲解使用 RANK 函数排序、制作问卷调查结果饼状图的方法。通过本章的学习，读者可以掌握使用 Excel 2021 进行数据计算和数据分析方面的知识，为深入学习 Windows 11 和 Office 2021 知识奠定基础。

11.1　引用单元格

只要在 Excel 工作表中使用公式，就离不开单元格的引用。引用的作用是标识工作表的单元格或单元格区域，并指明公式中使用的数据位置。通过引用，可以在公式中使用工作表不同部分的数据，或者在多个公式中使用同一单元格的数值，还可以引用相同工作簿中不同工作表的单元格。

单元格的引用是指用单元格所在的列标和行号表示其在工作表中的位置。单元格的引用包括绝对引用、相对引用和混合引用 3 种。

11.1.1　相对引用与绝对引用

单元格的相对引用是基于包含公式和引用单元格的相对位置而言的。如果公式所在单元格的位置改变，引用也将随之改变。如果多行或多列地复制公式，引用将会自动调整。默认情况下，新公式使用相对引用。

单元格中的绝对引用总是在指定位置引用单元格(例如$A$1)。如果公式所在单元格的位置改变，绝对引用的单元格则始终保持不变。如果多行或多列地复制公式，绝对引用将不作调整。

11.1.2　混合引用

混合引用包括绝对列和相对行(例如$A1)，或者绝对行和相对列(例如 A$1)两种形式。如果公式所在单元格的位置改变，则相对引用改变，而绝对引用不变。如果多行或多列地复制公式，相对引用将会自动调整，而绝对引用则不作调整。

知识精讲

如果要引用同一工作簿其他工作表中的单元格，表达方式为"工作表名称! 单元格地址"；如果要引用同一工作簿多个工作表中的单元格或单元格区域，表达方式为"工作表名称: 工作表名称! 单元格地址"。

11.2　使用公式计算数据

在 Excel 2021 中，使用公式可以省去手工输入数字的麻烦，从而减少输入错误。本节将介绍公式的概念与运算符、公式的输入与编辑以及自动求和的方法和技巧。

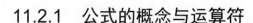

11.2.1　公式的概念与运算符

公式是对工作表中的数值执行计算的等式，以"＝"开头。通常情况下，公式由函数、参数、常量和运算符组成，下面分别介绍公式的组成部分。

➢ 函数：在 Excel 中包含的许多预定义公式，可以对一个或多个数据执行运算，并返回一个或多个值。函数可以简化或缩短工作表中的公式。

➢ 参数：函数中用来执行操作或计算单元格或单元格区域的数值。

➢ 常量：是指在公式中直接输入的数字或文本值，并且不参与运算且不发生改变的数值。

➢ 运算符：用来连接公式中准备进行计算的符号或标记，运算符可以表达公式内执行计算的类型。

运算符可以分为算术运算符、文本连接运算符、比较运算符以及引用运算符共 4 种，具体介绍如下。

1. 算术运算符

算术运算符用来完成基本的数学运算，如加、减、乘、除等。算术运算符的基本含义如表 11-1 所示。

表 11-1　算术运算符的含义

算术运算符	含　义	示　例
+(加号)	加法	9+6
-(减号)	减法或负号	9-6；-5
*(星号)	乘法	3*9
/(正斜号)	除法	6/3
%(百分号)	百分比	69%
^(脱字号)	乘方	5^2
!(阶乘)	连续乘法	3!=3*2*1

2. 文本连接运算符

文本连接运算符是可以将一个或多个文本连接为一个组合文本的一种运算符号，它使用和号"&"连接一个或多个文本字符串，从而产生新的文本字符串。文本连接运算符的基本含义如表 11-2 所示。

表 11-2　文本连接运算符的含义

文本连接运算符	含　义	示　例
&(和号)	将两个文本连接起来产生一个连续的文本值	"漂"&"亮"，得到"漂亮"

3. 比较运算符

比较运算符用于比较两个数值之间的大小关系，并产生逻辑值 TRUE(真)或 FALSE(假)。比较运算符的基本含义如表 11-3 所示。

表 11-3 比较运算符的含义

比较运算符	含义	示例
=(等号)	等于	A1=B1
>(大于号)	大于	A1>B1
<(小于号)	小于	A1<B1
>=(大于等于号)	大于或等于	A1>=B1
<=(小于等于号)	小于或等于	A1<=B1
<>(不等号)	不等于	A1<>B1

4. 引用运算符

引用运算符是指对多个单元格区域进行合并计算的运算符号，例如 F1=A1+B1+C1+D1，使用引用运算符后，可以将公式变更为 F1=SUM(A1:D1)。引用运算符的基本含义如表 11-4 所示。

表 11-4 引用运算符的含义

引用运算符	含义	示例
:(冒号)	区域运算符，生成对两个引用之间所有单元格的引用	A1:A2
,(逗号)	联合运算符，用于将多个引用合并为一个引用	SUM(A1:A2,A3:A4)
空格	交集运算符，生成在两个引用中共有的单元格引用	SUM(A1:A6 B1:B6)

11.2.2　输入与编辑公式

在表格中输入公式的方法非常简单，下面详细介绍输入公式的方法。

第 1 步 打开素材表格，选中 F2 单元格，在其中输入"=B2+C2+D2+E2"，此时相对引用了公式中的单元格 B2、C2、D2 和 E2，如图 11-1 所示。

第 2 步 按 Enter 键，F2 单元格中显示计算结果，如图 11-2 所示。

图 11-1　　　　　　　　　　　　　　　　图 11-2

11.2.3　课堂范例——自动求和

在 Excel 2021 中，利用【自动求和】按钮可以快速地将指定单元格求和，而不用逐个输入单元格，这样既节省了计算时间，又提高了办公效率。下面详细介绍自动求和的操作方法。

◄◄ 扫码看视频(本节视频课程时间：31 秒)

素材保存路径：配套素材\素材文件\第 11 章
素材文件名称：员工档案.xlsx

第 1 步 选中 F3 单元格，**1.** 在【开始】选项卡中单击【编辑】下拉按钮，**2.** 在弹出的菜单项中单击【自动求和】下拉按钮 ∑ ，**3.** 在弹出的子菜单中选择【求和】菜单项，如图 11-3 所示。

第 2 步 被选中的单元格中出现求和公式，按 Enter 键，如图 11-4 所示。

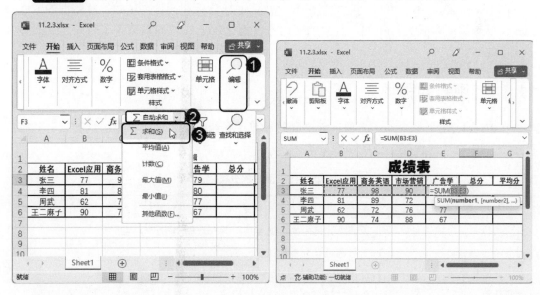

图 11-3　　　　　　　　　　　　　　　　图 11-4

第 3 步 此时 F3 单元格中显示出计算结果，选中 F3 单元格，将鼠标指针移至单元格右下角，鼠标指针变为十字形状，双击，如图 11-5 所示。

第 4 步 此时可以看到系统已经使用快速填充功能完成了其他人总分的计算，如图 11-6 所示。通过以上步骤即可完成自动求和的操作。

图 11-5

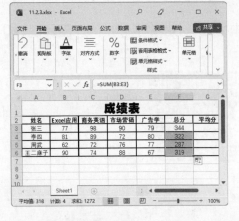

图 11-6

11.3 使用函数

在 Excel 2021 中，可以使用内置函数对数据进行分析和计算，函数计算数据的方式与公式计算数据的方式大致相同，函数的使用不仅简化了公式，而且节省了时间，从而提高了工作效率。

11.3.1 函数的种类

在 Excel 2021 中，为了方便进行不同的计算，系统提供了非常丰富的函数，一共有三百多个，表 11-5 给出了主要的函数分类。

表 11-5 函数的分类

分 类	功 能
信息函数	返回单元格中的数据类型，并对数据类型进行判断
财务函数	对财务进行分析和计算
自定义函数	使用 VBA 进行编写并完成特定功能
逻辑函数	用于进行数据逻辑方面的运算
查找与引用函数	用于查找数据或单元格引用
文本和数据函数	用于处理公式中的字符、文本或对数据进行计算与分析
统计函数	对数据进行统计分析
日期与时间函数	用于分析和处理日期和时间值
数学与三角函数	用于进行数学计算

11.3.2 函数的语法结构

在 Excel 2021 中，调用函数时需要遵循 Excel 对于函数所制定的语法结构，否则将会产生语法错误。函数的语法结构由等号、函数名称、括号、参数组成，下面详细介绍其组成部分。

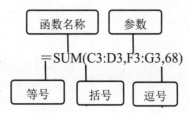

$=SUM(C3:D3,F3:G3,68)$

- 等号：函数一般以公式的形式出现，必须在函数名称前面输入"＝"。
- 函数名称：用来标识调用功能函数的名称。
- 参数：参数可以是数字、文本、逻辑值和单元格引用，也可以是公式或其他函数。
- 括号：用来输入函数参数，各参数之间需用逗号(必须是半角状态下的逗号)隔开。
- 逗号：各参数之间用来表示间隔的符号。

11.3.3　输入函数

单击 Excel 2021 中的【插入函数】按钮，可以在列表中选择函数并将其插入到单元格中。下面详细介绍使用插入函数功能输入函数的操作方法。

第1步 选中 D2 单元格，*1.* 切换到【公式】选项卡，*2.* 单击【函数库】下拉按钮，*3.* 在弹出的菜单中单击【插入函数】按钮，如图 11-7 所示。

第2步 弹出【插入函数】对话框，*1.* 在【或选择类别】下拉列表框中选择【数学与三角函数】选项，*2.* 在【选择函数】列表框中选择 PRODUCT 选项，*3.* 单击【确定】按钮，如图 11-8 所示。

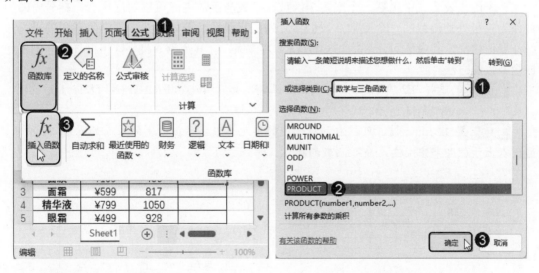

图 11-7　　　　　　　　　　　图 11-8

第3步 弹出【函数参数】对话框，单击【确定】按钮，如图 11-9 所示。

第4步 通过以上步骤即可完成输入函数的操作，如图 11-10 所示。

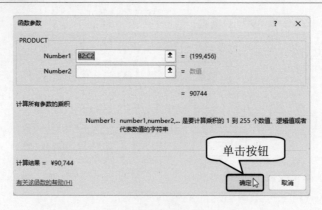

图 11-9

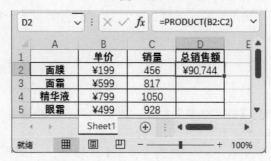

图 11-10

11.3.4 输入嵌套函数

一个函数表达式中包括一个或多个函数，函数与函数之间可以层层嵌套，括号内的函数作为括号外的函数的一个参数，我们称之为嵌套函数。例如，要根据学生各科的平均分统计登记情况，其中平均分 80(含 80)分以上为"优"，其余为"良"，下面详细介绍使用嵌套函数的方法。

第 1 步 选择 E2 单元格，输入嵌套函数，如"=IF(AVERAGE(B2:D2)>=80,"优"，"良")"，如图 11-11 所示。

第 2 步 按 Enter 键，可以看到被选中的单元格中显示出计算结果，如图 11-12 所示。通过以上步骤即可完成输入嵌套函数的操作。

	A	B	C	D	E	F
	PRODUCT				=IF (AVERAGE (B2:D2) >=80,"优","良")	
1	姓名	语文	数学	英语	等级	
2	张三	99	=IF (AVERAGE (B2:D2) >=80,"优","良")			
3	李四	91	96	89		
4	王二麻子	100	100	100		

图 11-11

	A	B	C	D	E
	E3				
1	姓名	语文	数学	英语	等级
2	张三	99	100	90	优
3	李四	91	96	89	
4	王二麻子	100	100	100	

图 11-12

11.3.5　课堂范例——计算平均分

在 Excel 2021 中，利用【自动求和】下拉菜单中的【平均值】命令可以快速计算平均值，这样既节省了计算时间，也提高了办公效率。下面详细介绍计算平均分的操作方法。

◀◀ 扫码看视频(本节视频课程时间：15 秒)

素材保存路径：配套素材\素材文件\第 11 章

素材文件名称：11.3.5.xlsx

第 1 步　选中 E2 单元格，*1.* 在【开始】选项卡中单击【编辑】下拉按钮，*2.* 在弹出的菜单中单击【自动求和】下拉按钮 $\sum\vee$，*3.* 在弹出的子菜单中选择【平均值】命令，如图 11-13 所示。

第 2 步　被选中的单元格中出现求平均值的公式，如图 11-14 所示。

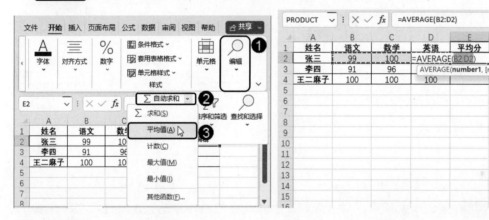

图 11-13　　　　　　　　　　　图 11-14

第 3 步　按 Enter 键，可以看到被选中的单元格中显示出计算结果，如图 11-15 所示。通过以上步骤即可完成计算平均分的操作。

	A	B	C	D	E
1	姓名	语文	数学	英语	平均分
2	张三	99	100	90	96.33333
3	李四	91	96	89	
4	王二麻子	100	100	100	
5					

图 11-15

11.4 排序与筛选数据

用户可以使用 Excel 对表格数据进行排序与筛选。排序的方式有单条件排序、多条件排序等，对数据进行排序后就可以筛选出需要的特定数据了。本节将介绍数据排序与筛选方面的知识。

11.4.1 单条件排序

设置单条件排序的方法非常简单，下面对其进行详细介绍。

第1步 将光标定位在表格数据的任意单元格中，**1.** 切换到【数据】选项卡，**2.** 在【排序和筛选】组中单击【排序】按钮，如图 11-16 所示。

第2步 弹出【排序】对话框，**1.** 在【主要关键字】下拉列表框中选择【总分】选项，**2.** 在【排序依据】下拉列表框中选择【单元格值】选项，**3.** 在【次序】下拉列表框中选择【降序】选项，**4.** 单击【确定】按钮，如图 11-17 所示。

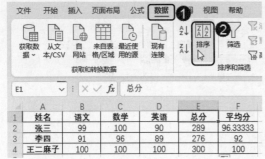

图 11-16

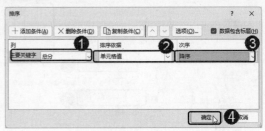

图 11-17

第3步 返回到表格中，可以看到表中的数据已经按照总分成绩进行了降序排序，如图 11-18 所示。

	A	B	C	D	E	F
1	姓名	语文	数学	英语	总分	平均分
2	王二麻子	100	100	100	300	100
3	张三	99	100	90	289	96.33333
4	李四	91	96	89	276	92
5						

图 11-18

11.4.2 多条件排序

如果在排序字段里出现相同的内容，系统就会保持它们的原始次序。如果用户还要对这些相同内容按照一定条件进行排序，就用到了多条件排序。

第1步 打开素材表格，**1.** 切换到【数据】选项卡，**2.** 在【排序和筛选】组中单击【排序】按钮，如图 11-19 所示。

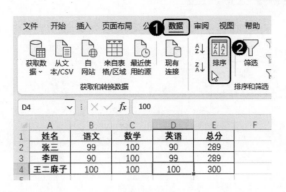

图 11-19

第2步　弹出【排序】对话框，**1.** 在【主要关键字】下拉列表框中选择【总分】选项，**2.** 在【排序依据】下拉列表框中选择【单元格值】选项，**3.** 在【次序】下拉列表框中选择【降序】选项，如图 11-20 所示。

第3步　**1.** 单击【添加条件】按钮，**2.** 在【次要关键字】下拉列表框中选择【语文】选项，**3.** 在【排序依据】下拉列表框中选择【单元格值】选项，**4.** 在【次序】下拉列表框中选择【降序】选项，**5.** 单击【确定】按钮，如图 11-21 所示。

图 11-20

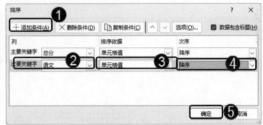

图 11-21

第4步　返回到表格中，可以看到表中数据已经按照以总分成绩为主要条件、以语文成绩为次要条件进行的降序排序，如图 11-22 所示。通过以上步骤即可完成多条件排序的操作。

	A	B	C	D	E
1	姓名	语文	数学	英语	总分
2	王二麻子	100	100	100	300
3	张三	99	100	90	289
4	李四	90	100	99	289

图 11-22

11.4.3　自定义序列进行排序

数据的排序方式除了按照数字大小和拼音字母顺序外，还会涉及一些特殊的顺序，此时就用到了自定义排序。

第1步　打开素材表格，**1.** 切换到【数据】选项卡，**2.** 在【排序和筛选】组中单击【排序】按钮，如图 11-23 所示。

第2步　弹出【排序】对话框，**1.** 在【主要关键字】下拉列表框中选择【等级】选项，**2.** 单击【次序】下拉按钮，**3.** 选择【自定义序列】选项，如图 11-24 所示。

图 11-23

图 11-24

第3步 弹出【自定义序列】对话框，**1.** 在【自定义序列】列表框中选择【甲、乙、丙、丁……】选项，**2.** 单击【确定】按钮，如图 11-25 所示。

图 11-25

第4步 返回【排序】对话框，此时第一个排序条件中的【次序】下拉列表框会自动选择【甲、乙、丙、丁……】选项，单击【确定】按钮，如图 11-26 所示。

第5步 返回到表格中，可以看到表格已完成自定义序列排序，如图 11-27 所示。通过以上步骤即可完成按自定义序列进行排序的操作。

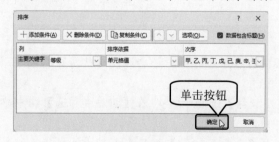

图 11-26

图 11-27

11.4.4　自动筛选

自动筛选一般用于简单的条件筛选，筛选时会将不满足条件的数据暂时隐藏起来，只显示符合条件的数据。

第 1 步　打开素材表格，将光标定位在数据区域的任意单元格中，**1.** 切换到【数据】选项卡，**2.** 在【排序和筛选】组中单击【筛选】按钮，如图 11-28 所示。

第 2 步　此时工作表进入筛选状态，各标题字段的右侧出现一个下拉按钮，**1.** 单击【类别】右侧的下拉按钮，**2.** 在弹出的筛选条件中选中【调味品】复选框，**3.** 单击【确定】按钮，如图 11-29 所示。

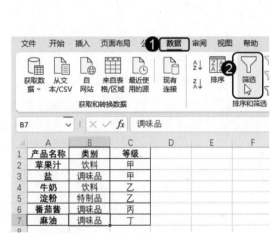
图 11-28

图 11-29

第 3 步　返回到工作表中，可以看到此时所有类别为"调味品"的产品名称已经被筛选出来了，如图 11-30 所示。

图 11-30

11.4.5　课堂范例——自定义筛选

对于某些特殊的条件，用户可以使用自定义自动筛选方式对数据进行筛选。例如，为了筛选出销售额在 1000~2000 元的记录，可以按照下面的方法进行操作。

◀◀ 扫码看视频(本节视频课程时间：40 秒)

素材保存路径：配套素材\素材文件\第 11 章

素材文件名称：11.4.5.xlsx

第1步 打开素材表格，将光标定位在数据区域的任意单元格中，*1.* 切换到【数据】选项卡，*2.* 在【排序和筛选】组中单击【筛选】按钮，如图 11-31 所示。

第2步 此时工作表进入筛选状态，各标题字段的右侧出现一个下拉按钮，*1.* 单击【销售额】右侧的下拉按钮，*2.* 选择【数字筛选】→【介于】菜单项，如图 11-32 所示。

图 11-31　　　　　　　　　　　　　图 11-32

第3步 弹出【自定义自动筛选】对话框，*1.* 在【大于或等于】右侧的文本框中输入"1000"，*2.* 选中【与】单选按钮，*3.* 在【小于或等于】右侧的文本框中输入"2000"，*4.* 单击【确定】按钮，如图 11-33 所示。

第4步 返回到工作表中，可以看到销售额在 1000~2000 元的记录已经显示出来，如图 11-34 所示。

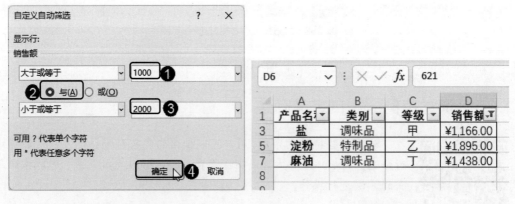

图 11-33　　　　　　　　　　　　　图 11-34

11.5　数据的分类汇总

分类汇总是根据指定的类别将数据以指定的方式进行统计，这样可以快速地对大型表格中的数据进行汇总与分析，以获得想要的统计数据。

11.5.1　简单分类汇总

插入分类汇总之前需要将准备分类汇总的数据区域按关键字进行排序，从而使相同关键字的行排列在相邻行中，这样有利于分类汇总的操作，下面介绍建立简单分类汇总的方法。

第 1 步 打开素材表格，将光标定位在数据区域的任意单元格中，*1.* 切换到【数据】选项卡，*2.* 在【排序和筛选】组中单击【排序】按钮，如图 11-35 所示。

第 2 步 弹出【排序】对话框，*1.* 在【主要关键字】下拉列表框中选择【销售地区】选项，*2.* 在【排序依据】下拉列表框中选择【单元格值】选项，*3.* 在【次序】下拉列表框中选择【升序】选项，*4.* 单击【确定】按钮，如图 11-36 所示。

图 11-35

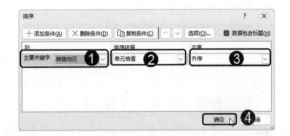

图 11-36

第 3 步 返回到工作表中，此时表格中的数据已经根据 E 列中"销售地区"的拼音首字母进行升序排列，*1.* 在【数据】选项卡中单击【分级显示】下拉按钮，*2.* 在弹出的菜单中单击【分类汇总】按钮，如图 11-37 所示。

图 11-37

第4步 弹出【分类汇总】对话框，**1.** 在【分类字段】下拉列表框中选择【销售地区】选项，**2.** 在【汇总方式】下拉列表框中选择【求和】选项，**3.** 在【选定汇总项】列表框中选中【销售额】复选框，**4.** 单击【确定】按钮，如图 11-38 所示。

第5步 返回工作表，汇总效果如图 11-39 所示。

图 11-38

图 11-39

11.5.2 删除分类汇总

如果用户不再需要将工作表中的数据以分类汇总的方式显示，则可将刚刚创建的分类汇总删除。

第1步 **1.** 切换到【数据】选项卡，**2.** 单击【分级显示】下拉按钮，**3.** 在弹出的菜单中单击【分类汇总】按钮，如图 11-40 所示。

第2步 弹出【分类汇总】对话框，单击【全部删除】按钮，如图 11-41 所示。

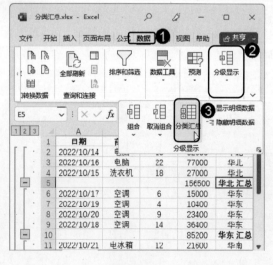

图 11-40

图 11-41

第 3 步 返回工作表，此时表格中的分类汇总已全部删除，如图 11-42 所示。

图 11-42

11.5.3　课堂范例——多重分类汇总

多重分类汇总是指对一个模拟运算表格进行多次分类汇总，每次分类汇总的关键字各不相同。在创建多重分类汇总前，需要对多次汇总的分类字段进行多条件排序。下面以"销售地区"和"商品"为分类字段进行多重分类汇总。

◄◄ 扫码看视频(本节视频课程时间：39 秒)

素材保存路径: 配套素材\素材文件\第 11 章
素材文件名称: 11.5.3.xlsx

第 1 步 打开素材表格，**1.** 切换到【数据】选项卡，**2.** 在【排序和筛选】组中单击【排序】按钮，如图 11-43 所示。

第 2 步 弹出【排序】对话框，**1.** 设置【主要关键字】和【次要关键字】下拉列表框，**2.** 单击【确定】按钮，如图 11-44 所示。

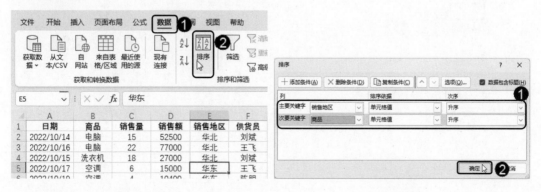

图 11-43　　　　　　　　　　　　图 11-44

第 3 步 返回工作表，**1.** 在【数据】选项卡中单击【分级显示】下拉按钮，**2.** 在弹出的菜单中单击【分类汇总】按钮，如图 11-45 所示。

第4步 弹出【分类汇总】对话框，1. 在【分类字段】下拉列表框中选择【销售地区】选项，2. 在【汇总方式】下拉列表框中选择【求和】选项，3. 在【选定汇总项】列表框中选中【销售额】和【销售量】复选框，4. 单击【确定】按钮，如图 11-46 所示。

图 11-45

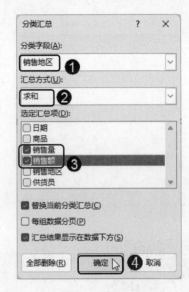

图 11-46

第5步 再次执行【数据】→【分级显示】→【分类汇总】命令，打开【分类汇总】对话框，1. 在【分类字段】下拉列表框中选择【销售地区】选项，2. 在【汇总方式】下拉列表框中选择【计数】选项，3. 在【选定汇总项】列表框中选中【供货员】复选框，4. 单击【确定】按钮，如图 11-47 所示。

第6步 返回工作表，汇总效果如图 11-48 所示。

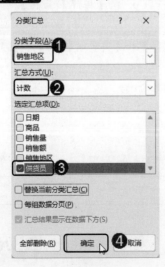

图 11-47

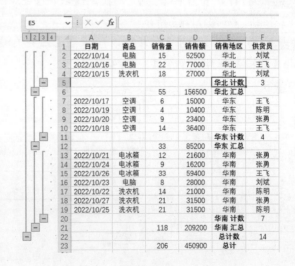

图 11-48

11.6　图表的设计与制作

　　文不如表，表不如图。Excel 2021 具有许多高级的制图功能，可以直观地将工作表中的数据用图形表示出来，使其更具说服力。

11.6.1　创建图表

　　通常情况下，使用柱形图来比较数据间的数量关系；使用直线图来反映数据间的趋势关系；使用饼图来表示数据间的分配关系。在 Excel 2021 中创建图表的方法非常简单，下面详细介绍其操作方法。

　　第1步　选中表格区域，*1.* 切换到【插入】选项卡，*2.* 在【图表】组中单击【推荐的图表】按钮，如图 11-49 所示。

　　第2步　弹出【插入图表】对话框，程序会根据表格内容推荐合适的图表，如图 11-50 所示。

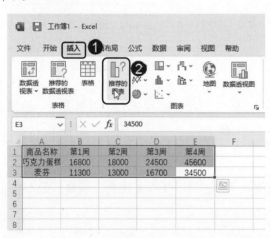

图 11-49

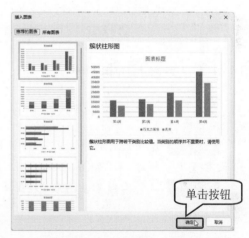

图 11-50

　　第3步　可以看到在工作表中已经插入了一个簇状柱形图，如图 11-51 所示。通过以上步骤即可完成创建图表的操作。

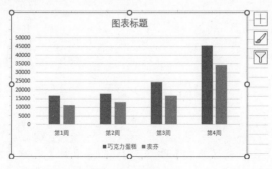

图 11-51

11.6.2　更改图表大小

图表创建完成后，可以根据需要调整图表的位置和大小。

第1步　选中图表，此时图表区的四周会出现 8 个控制点，将鼠标指针移至图表的右下角，按住鼠标向左上方拖动，如图 11-52 所示。

第2步　至适当位置释放鼠标，可以看到图表已经变小，通过以上步骤即可完成编辑图表大小的操作，如图 11-53 所示。

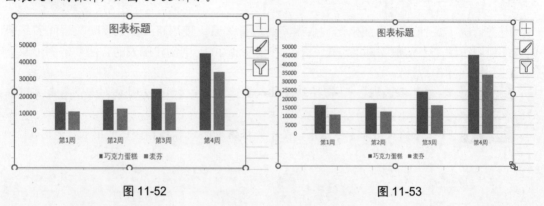

图 11-52　　　　　　　　　　　　　　　　图 11-53

11.6.3　美化图表

为了使创建的图表看起来更加美观，用户可以对图表标题和图例、图表区域、数据系列等项目进行设置。

第1步　选中图表标题，**1.** 在【开始】选项卡中设置【字体】为【方正琥珀简体】，**2.** 设置【字号】为 14，如图 11-54 所示。

第2步　鼠标右键单击图表，在弹出的快捷菜单中选择【设置图表区域格式】菜单项，如图 11-55 所示。

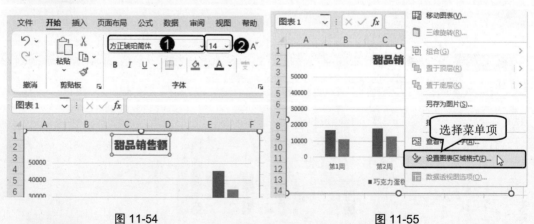

图 11-54　　　　　　　　　　　　　　　　图 11-55

第3步　弹出【设置图表区格式】面板，**1.** 在【填充】选项卡中选中【纯色填充】单选按钮，**2.** 单击【颜色】下拉按钮，**3.** 在颜色库中选择一种颜色，如图 11-56 所示。

第4步 可以看到图表背景已经填充了颜色，如图 11-57 所示。通过以上步骤即可完成美化图表的操作。

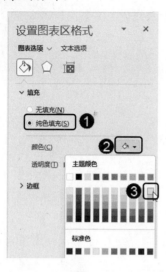

图 11-56

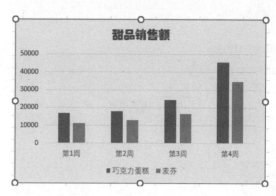

图 11-57

11.6.4　课堂范例——创建和编辑迷你图

用户可以为某行或某列数据创建迷你图，描述该行或列数据的走势。创建迷你图的方法非常简单，下面详细介绍创建迷你图的方法。

◀◀ 扫码看视频(本节视频课程时间：45 秒)

素材保存路径：配套素材\素材文件\第 11 章
素材文件名称：11.6.4.xlsx

第1步 选中 B3:F3 单元格区域，**1.** 切换到【插入】选项卡，**2.** 在【迷你图】组中单击【折线】按钮，如图 11-58 所示。

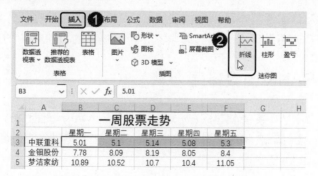

图 11-58

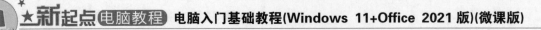
第2步 弹出【创建迷你图】对话框，*1.* 在【位置范围】文本框中输入单元格位置，如 "G3"，*2.* 单击【确定】按钮，如图 11-59 所示。

第3步 可以看到在 G3 单元格中已经插入了迷你折线图，如图 11-60 所示。

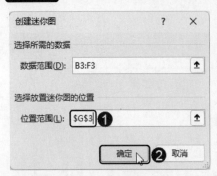

图 11-59

图 11-60

第4步 使用相同方法为 B4:F4 和 B5:F5 单元格区域创建迷你图，如图 11-61 所示。

第5步 *1.* 选中迷你图所在单元格，*2.* 在【迷你图】选项卡的【显示】组中选中【高点】【首点】【低点】【尾点】和【标记】复选框，如图 11-62 所示。

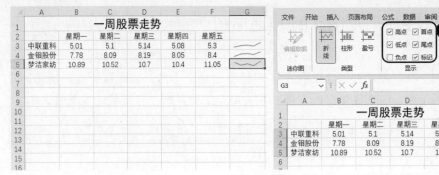

图 11-61

图 11-62

11.7 实践案例与上机指导

通过本章的学习，读者基本可以掌握使用 Excel 2021 进行数据计算和数据分析的方法，下面通过练习操作，来帮助读者达到巩固学习、拓展提高的目的。

11.7.1 使用 RANK 函数排序

对某些数值列(如工龄、工资、名次等)进行排序时，用户可能不希望打乱表格原有数据的顺序，而只想得到一个排列名次，此时可以使用 RANK 函数来实现。

◀◀ 扫码看视频(本节视频课程时间：24 秒)

素材保存路径: 配套素材\素材文件\第 11 章

素材文件名称: 11.7.1.xlsx

第 1 步 选中 K3 单元格,输入 "=RANK(H3,$H$3:$H$12)",如图 11-63 所示。

第 2 步 按 Enter 键完成计算,得出名次,再次选中 K3 单元格,将鼠标指针移至单元格右下角,如图 11-64 所示。

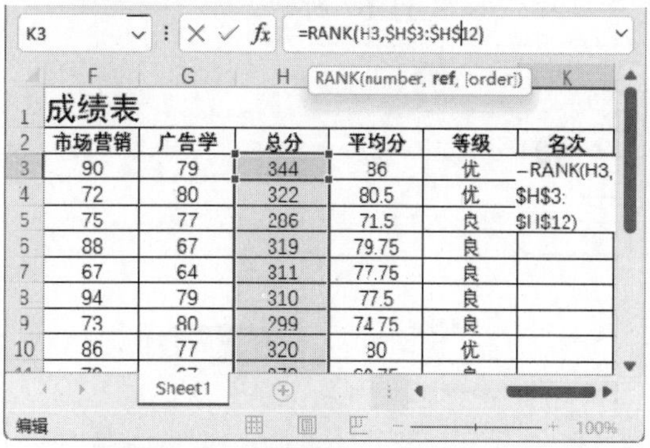

图 11-63

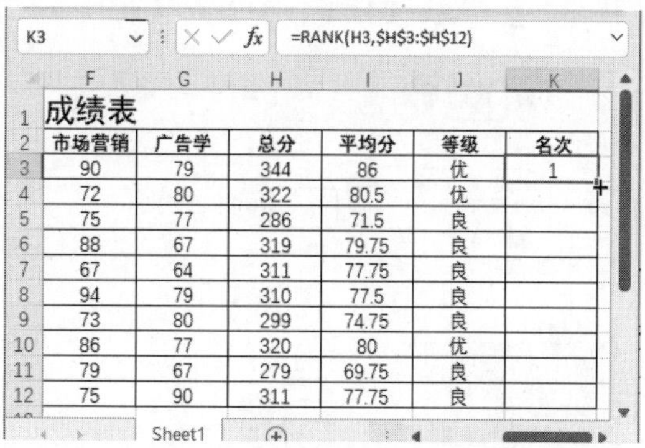

图 11-64

第 3 步 双击鼠标进行快速填充,通过以上步骤即可完成使用 RANK 函数进行排序的操作,如图 11-65 所示。

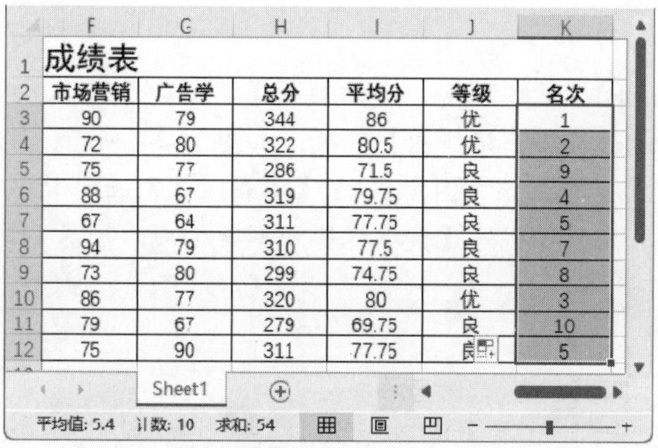

图 11-65

11.7.2　制作问卷调查结果饼状图

本小节将根据每天上网时间表格数据,制作问卷调查结果饼状图,制作过程主要涉及创建图表和编辑图表数据等。下面详细介绍制作问卷调查结果饼状图的方法。

◀◀ 扫码看视频(本节视频课程时间: 55 秒)

素材保存路径: 配套素材\素材文件\第 11 章

素材文件名称: 11.7.2.xlsx

第1步 选中 A1:B7 表格区域,**1.** 切换到【插入】选项卡,**2.** 在【图表】组中单击【饼图】下拉按钮,**3.** 选择【三维饼图】选项,如图 11-66 所示。

第2步 创建了一个三维饼图,**1.** 在【图表设计】选项卡中单击【添加图表元素】下拉按钮,**2.** 选择【数据标签】→【最佳匹配】菜单项,如图 11-67 所示。

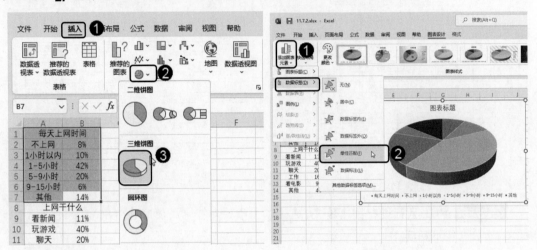

图 11-66　　　　　　　图 11-67

第3步 选中 A8:B14 表格区域,**1.** 切换到【插入】选项卡,**2.** 在【图表】组中单击【饼图】下拉按钮,**3.** 选择【三维饼图】选项,如图 11-68 所示。

第4步 创建了第 2 个三维饼图,**1.** 在【图表设计】选项卡中单击【添加图表元素】下拉按钮,**2.** 选择【数据标签】→【数据标签外】菜单项,如图 11-69 所示。

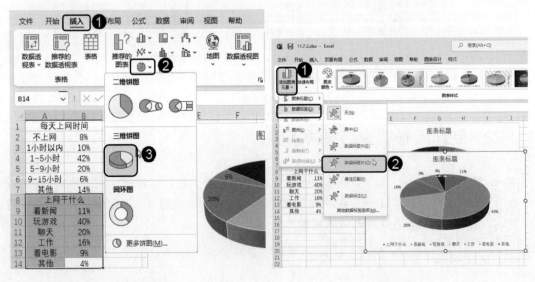

图 11-68　　　　　　　图 11-69

11.8　思考与练习

一、填空题

1. 单元格的引用是指用单元格所在的列标和行号表示其在工作表中的位置。单元格的引用包括_____、相对引用和_____ 3 种。

2. 公式是对工作表中的数值执行计算的等式，以_____开头。通常情况下，公式由_____、参数、_____和运算符组成。

二、判断题

1. 单元格的绝对引用是基于包含公式和引用的单元格的相对位置而言的。如果公式所在单元格的位置改变，引用也将随之改变。如果多行或多列地复制公式，引用将会自动调整。　　　　　　　　　　　　　　　　　　　　　　　　　　（　　）

2. 公式中用于连接各种数据的符号或标记称为运算符，可以指定准备对公式中的元素执行的计算类型。运算符可以分为算术运算符、比较运算符、文本运算符以及引用运算符。　　　　　　　　　　　　　　　　　　　　　　　　　（　　）

三、思考题

1. 单元格的引用有哪些种类？
2. 如何在表格中输入函数？

新起点 电脑教程

第12章

PowerPoint 2021 幻灯片的设计与制作

本章要点

- 操作演示文稿
- 设置文本与段落格式
- 添加图像与表格
- 设计与使用母版
- 制作动画效果
- 放映幻灯片

本章主要内容

本章主要介绍操作演示文稿、设置文本与段落格式、添加图像与表格、设计与使用母版和制作动画效果方面的知识与技巧，同时还讲解如何放映幻灯片，在本章的最后针对实际工作需求，讲解保护幻灯片和添加墨迹注释的方法。通过本章的学习，读者可以掌握 PowerPoint 2021 幻灯片设计与制作方面的知识，为深入学习 Windows 11 和 Office 2021 知识奠定基础。

12.1 操作演示文稿

PowerPoint 2021 是制作和演示幻灯片的办公软件，能够制作出集文字、图像、声音以及视频剪辑等多媒体元素于一体的演示文稿。本节将介绍演示文稿基本操作方面的知识。

12.1.1 新建与保存演示文稿

创建与保存演示文稿的方法非常简单，下面介绍其操作方法。

第 1 步 在电脑桌面中，*1.* 单击【开始】按钮，*2.* 在【开始】菜单中单击 PowerPoint 图标，如图 12-1 所示。

第 2 步 进入创建演示文稿界面，单击【空白演示文稿】模板，如图 12-2 所示。

图 12-1   图 12-2

第 3 步 切换到【文件】选项卡，如图 12-3 所示。

第 4 步 进入 Backstage 视图，*1.* 选择【另存为】菜单项，*2.* 选择【浏览】菜单项，如图 12-4 所示。

图 12-3

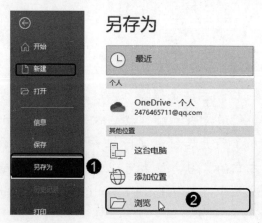

图 12-4

第5步　弹出【另存为】对话框，**1.** 设置准备保存演示文稿的位置，**2.** 在【文件名】下拉列表框中输入名称，**3.** 单击【保存】按钮，如图 12-5 所示。

第6步　可以看到演示文稿标题名称已经发生改变，如图 12-6 所示。通过以上步骤即可完成创建与保存演示文稿的操作。

图 12-5

图 12-6

12.1.2　添加和删除幻灯片

用户在制作演示文稿的过程中，经常需要添加新的幻灯片，或者删除不需要的幻灯片。添加和删除幻灯片的方法非常简单，下面详细介绍其操作方法。

第1步　**1.** 在【开始】选项卡中单击【幻灯片】下拉按钮，**2.** 单击【新建幻灯片】按钮，如图 12-7 所示。

第2步　可以看到大纲区的幻灯片缩略图增加了一张新幻灯片，如图 12-8 所示。通过以上步骤即可完成添加幻灯片的操作。

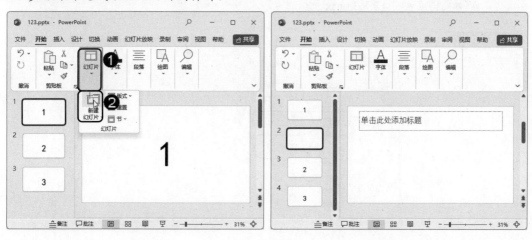

图 12-7　　　　　　　　　　　　　　　　图 12-8

第3步　鼠标右键单击大纲区的幻灯片缩略图，在弹出的快捷菜单中选择【删除幻灯

片】菜单项,如图 12-9 所示。

第4步 可以看到大纲区的幻灯片缩略图减少了一张,如图 12-10 所示。通过以上步骤即可完成删除幻灯片的操作。

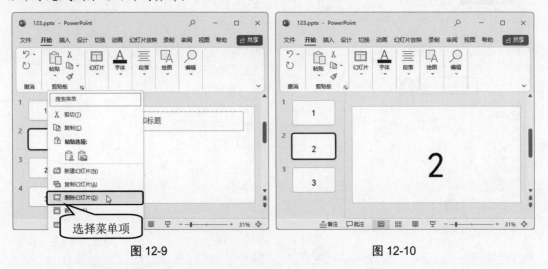

图 12-9 图 12-10

12.1.3 课堂范例——复制和移动幻灯片

在 PowerPoint 2021 中,可以将选择的幻灯片移动到指定位置,还可以为选择的幻灯片创建副本。下面详细介绍复制和移动幻灯片的操作方法。

◀◀ 扫码看视频(本节视频课程时间:48 秒)

素材保存路径:配套素材\素材文件\第 12 章
素材文件名称:12.1.3.pptx

第1步 鼠标右键单击大纲区的第 1 张幻灯片缩略图,在弹出的快捷菜单中选择【复制】菜单项,如图 12-11 所示。

图 12-11

第2步 鼠标右键单击大纲区的第 2 张幻灯片缩略图,在弹出的快捷菜单中单击【粘贴选项】菜单项下的【使用目标主题】按钮，如图 12-12 所示。

第3步 可以看到复制的幻灯片出现在第 3 张的位置，通过以上步骤即可完成复制幻灯片的操作，如图 12-13 所示。

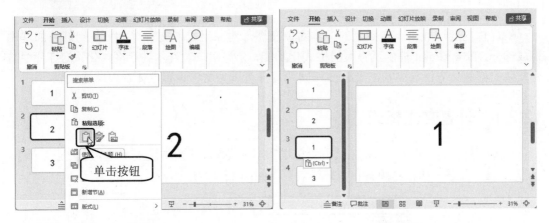

图 12-12　　　　　　　　　　　　图 12-13

第4步 鼠标右键单击第 2 张幻灯片的缩略图，在弹出的快捷菜单中选择【剪切】菜单项，如图 12-14 所示。

第5步 鼠标右键单击第 3 张幻灯片缩略图，在弹出的快捷菜单中单击【粘贴选项】菜单项下的【使用目标主题】按钮，如图 12-15 所示。

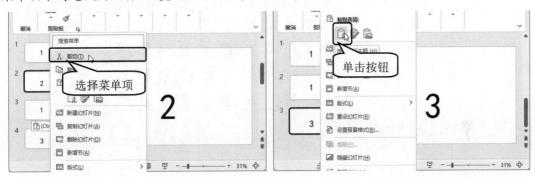

图 12-14　　　　　　　　　　　　图 12-15

第6步 可以看到剪切的幻灯片已经粘贴到第 4 张幻灯片的位置，如图 12-16 所示。通过以上步骤即可完成移动幻灯片的操作。

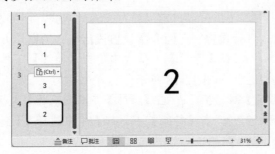

图 12-16

225

12.2　设置文本与段落格式

　　幻灯片内容一般由一定数量的文本对象和图形对象组成，文本对象又是幻灯片的基本组成部分，PowerPoint 提供了强大的格式化功能，允许用户对文本进行格式化。幻灯片中普通文字的格式化方法与 Word、Excel 相同，用户可以为文字设置字体及段落格式。

12.2.1　设置文本格式

　　打开素材文件，选中文本，在【开始】选项卡的【字体】组中设置字体为【方正舒体】、字号为 54，并添加加粗、倾斜和下划线效果，如图 12-17 所示。

图 12-17

12.2.2　设置段落格式

　　在 PowerPoint 2021 中，不仅可以自定义设置文本的格式，还可以根据具体的目标或要求，对幻灯片的段落格式进行设置。下面介绍设置段落格式的操作方法。

　　第 1 步　选中文本，**1.** 在【开始】选项卡中单击【段落】下拉按钮，**2.** 在弹出的菜单中单击【启动器】按钮 ，如图 12-18 所示。

　　第 2 步　弹出【段落】对话框，**1.** 在【特殊】下拉列表框中选择【首行】选项，**2.** 在【度量值】微调框中输入 2，**3.** 在【行距】下拉列表框中选择【1.5 倍行距】选项，**4.** 单击【确定】按钮，如图 12-19 所示。

图 12-18　　　　　　　　　　　　　　　　　　图 12-19

第 3 步　通过上述步骤即可完成设置段落格式的操作，如图 12-20 所示。

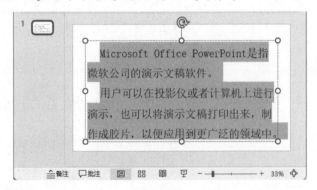

图 12-20

12.2.3　课堂范例——使用分栏排版

在 PowerPoint 2021 中，可以根据版式的要求将文本设置为分栏显示，下面介绍设置文本分栏显示的相关操作方法。

◀◀ 扫码看视频(本节视频课程时间：28 秒)

 素材保存路径：配套素材\素材文件\第 12 章
素材文件名称：12.2.3.pptx

第 1 步　鼠标右键单击选中的文本，在弹出的快捷菜单中选择【设置文字效果格式】菜单项，如图 12-21 所示。

第 2 步　弹出【设置形状格式】窗格，**1.** 切换到【文本框】选项卡，**2.** 单击【分栏】按钮，如图 12-22 所示。

图 12-21　　　　　　　　　　　　　　　　图 12-22

第 3 步 弹出【栏】对话框，**1.** 在【数量】微调框中输入 2，**2.** 在【间距】微调框中输入 1.5，**3.** 单击【确定】按钮，如图 12-23 所示。

第 4 步 通过以上步骤即可完成段落分栏的操作，如图 12-24 所示。

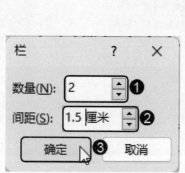

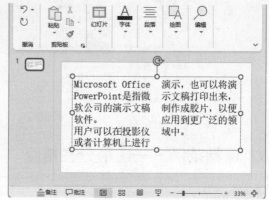

图 12-23　　　　　　　　　　　　　　　　图 12-24

知识精讲

用户还可以设置文本的方向，在【开始】选项卡中单击【段落】下拉按钮，在弹出的菜单中单击【文字方向】下拉按钮，在弹出的子菜单中选择【竖排】菜单项，即可将文本变为竖排。

12.3　添加图像与表格

美观漂亮的演示文稿易于更快、更好地介绍宣传者的观点，使用 PowerPoint 2021 制作幻灯片，可以对幻灯片进行图文混排的美化操作，从而增强幻灯片的艺术效果，本节将介绍美化幻灯片的相关知识。

12.3.1　课堂范例——插入自选图形

用户可以在幻灯片中插入自选图形，PowerPoint 2021 自带丰富的自选图形库，可供用户根据需要进行选择。下面介绍在幻灯片中插入自选图形的方法。

◄◄ 扫码看视频(本节视频课程时间：21 秒)

效果保存路径：配套素材\效果文件\第 12 章

效果文件名称：12.3.1.pptx

第1步 新建演示文稿，**1.** 切换到【插入】选项卡，**2.** 在【插图】组中单击【形状】下拉按钮，**3.** 在弹出的形状库中选择一种形状，如图 12-25 所示。

第2步 当鼠标指针变为十字形状时，在幻灯片中单击并拖动鼠标绘制图形，如图 12-26 所示。

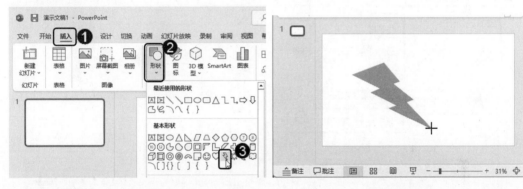

图 12-25　　　　　　　　　　　　　　　　图 12-26

第3步 至合适位置释放鼠标，即可完成在演示文稿中插入自选图形的操作，如图 12-27 所示。

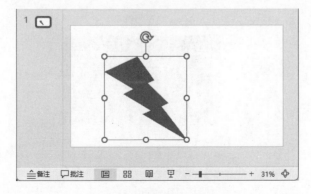

图 12-27

12.3.2　课堂范例——插入图片

　　用户可以将自己喜欢的图片保存在电脑中,然后将这些图片插入到 PowerPoint 2021 演示文稿中。在演示文稿中插入图片可以让文稿内容更加丰富,下面介绍其操作方法。

◀◀ 扫码看视频(本节视频课程时间: 20 秒)

效果保存路径: 配套素材\效果文件\第 12 章
效果文件名称: 12.3.2.pptx

　第 1 步　新建演示文稿, **1.** 切换到【插入】选项卡, **2.** 在【图像】组中单击【图片】下拉按钮, **3.** 选择【此设备】菜单项,如图 12-28 所示。

　第 2 步　弹出【插入图片】对话框, **1.** 选中准备插入的图片, **2.** 单击【插入】按钮,如图 12-29 所示。

图 12-28　　　　　　　　　　　　　　　图 12-29

　第 3 步　通过上述步骤即可完成插入图片的操作,如图 12-30 所示。

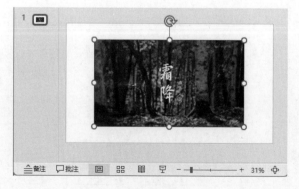

图 12-30

12.3.3　课堂范例——插入表格

用户可以在 PowerPoint 2021 演示文稿中插入表格，在演示文稿中插入表格的方法非常简单，下面详细介绍其操作方法。

◀◀ 扫码看视频(本节视频课程时间：13 秒)

效果保存路径：配套素材\效果文件\第 12 章
效果文件名称：12.3.3.pptx

第 1 步　新建演示文稿，*1.* 切换到【插入】选项卡，*2.* 单击【表格】下拉按钮，*3.* 在弹出的菜单中选择【6×3 表格】菜单项，如图 12-31 所示。

第 2 步　可以看到幻灯片中已经插入了表格，如图 12-32 所示。

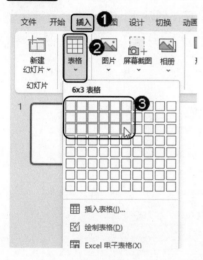

图 12-31

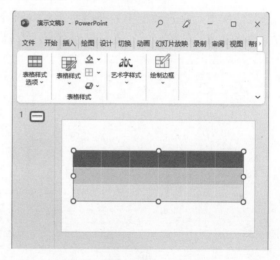

图 12-32

12.4　设计与使用母版

所谓幻灯片母版，实际上就是一张特殊的幻灯片，它可以被看作一个用于构建幻灯片的框架。母版是定义演示文稿中所有幻灯片或页面格式的幻灯片视图或页面，使用母版可以方便地统一幻灯片的风格。

12.4.1　母版的类型

在 PowerPoint 2021 中有 3 种母版：幻灯片母版、讲义母版和备注母版。

使用幻灯片母版视图，用户可以根据需要设置演示文稿样式，包括项目符号和字体的类型与大小、占位符的大小和位置、背景设计和填充、配色方案以及幻灯片母版和可选的标题母版，如图 12-33 所示。

讲义母版会提供在一张打印纸上同时打印多张幻灯片的讲义版面布局和"页眉与页脚"的设置样式，如图 12-34 所示。

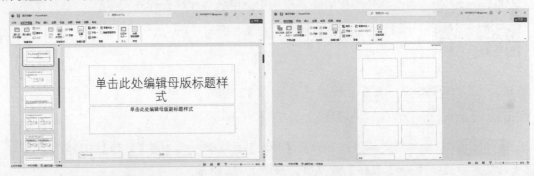

图 12-33　　　　　　　　　　　　　　　　　图 12-34

通常情况下，用户会把不需要展示给观众的内容写在备注里。对于提倡无纸化办公的单位、集体备课的学校，编写备注是保存交流资料的一种有效方法，如图 12-35 所示。

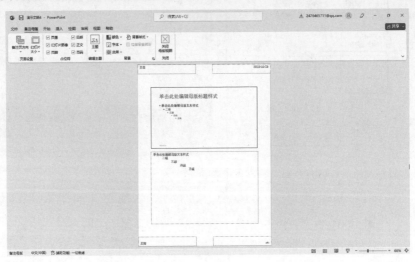

图 12-35

12.4.2　打开和关闭母版视图

使用母版视图首先应熟悉对于母版视图的基础操作，包括打开和关闭母版视图。下面介绍打开和关闭母版视图的方法。

第 1 步　新建演示文稿，1. 切换到【视图】选项卡，2. 在【母版视图】组中单击【幻灯片母版】按钮，如图 12-36 所示。

第 2 步　可以看到已经进入了幻灯片母版视图模式，如图 12-37 所示。通过以上步骤即可完成打开母版视图的操作。

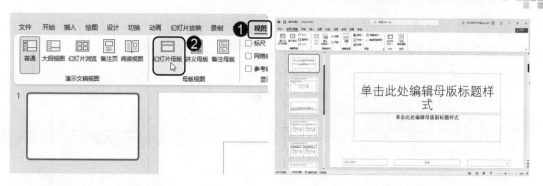

图 12-36　　　　　　　　　　　　　　　图 12-37

第3步 在【幻灯片母版】选项卡中单击【关闭母版视图】按钮，如图 12-38 所示。

第4步 可以看到幻灯片退出母版视图模式，如图 12-39 所示。通过以上步骤即可完成关闭母版视图的操作。

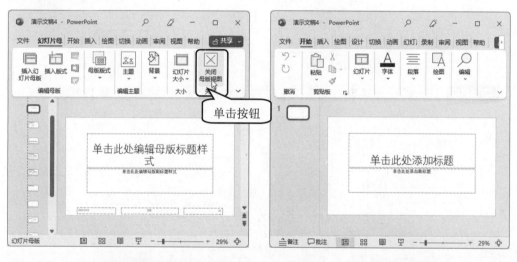

图 12-38　　　　　　　　　　　　　　　图 12-39

12.4.3　课堂范例——自定义幻灯片母版

进入幻灯片母版编辑模式后，用户还可以自定义幻灯片母版。自定义幻灯片母版的方法非常简单，下面详细介绍其操作方法。

◀◀ 扫码看视频(本节视频课程时间：24 秒)

素材保存路径：配套素材\素材文件\第 12 章

素材文件名称：12.4.3.pptx

第1步 打开素材文件，可以看到已经进入了幻灯片母版视图模式，鼠标右键单击幻灯片空白处，在弹出的快捷菜单中选择【设置背景格式】菜单项，如图 12-40 所示。

第2步 弹出【设置背景格式】窗格，*1.* 在【填充】选项卡中选中【渐变填充】单选按钮，*2.* 设置各项参数，*3.* 单击【应用到全部】按钮，如图 12-41 所示。

图 12-40　　　　　　　　　　　　　　　　图 12-41

第3步 通过以上步骤即可完成设置幻灯片母版背景的操作，如图 12-42 所示。

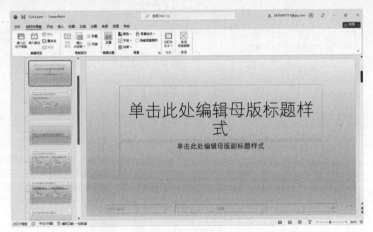

图 12-42

12.5　制作动画效果

在特定的页面中加入合适的过渡动画，会使幻灯片更加生动，过多的文本会影响幻灯片的阅读效果，可以为文字设置逐段显示的动画效果，这样可以避免同时出现大量文字。

12.5.1　页面切换效果

在 PowerPoint 2021 中预设了细微型、华丽型、动态内容 3 种类型的页面切换效果，其中包括切入、淡出、推进、擦除等 48 种切换方式。下面详细介绍添加幻灯片切换效果的操作方法。

第 1 步　选择第 1 张幻灯片，**1.** 切换到【切换】选项卡，**2.** 在【切换到此幻灯片】组中单击【切换效果】下拉按钮，**3.** 在弹出的切换效果库中选择【随机线条】效果，如图 12-43 所示。

第 2 步　可以看到第 1 张幻灯片已经插入了切换效果，如图 12-44 所示。通过以上步骤即可完成设置页面切换效果的操作。

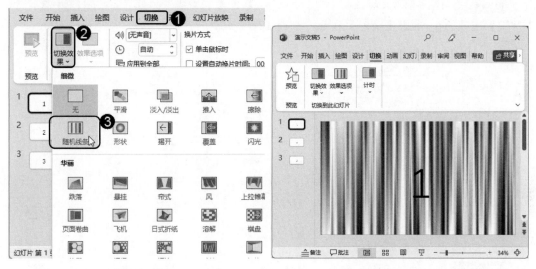

图 12-43　　　　　　　　　　　　　　　图 12-44

12.5.2　设置幻灯片切换速度

用户还可以设置幻灯片的切换速度，设置完切换效果后，在【切换】选项卡中单击【计时】下拉按钮，在【持续时间】微调框中输入时间，即可完成设置切换速度的操作，如图 12-45 所示。

图 12-45

12.5.3 添加和编辑超链接

在 PowerPoint 2021 中，使用超链接可以在幻灯片与幻灯片之间切换，从而增强演示文稿的可视性。下面将介绍添加和编辑超链接的操作方法。

第 1 步 在第 2 张幻灯片中选中文本并右击，在弹出的快捷菜单中选择【超链接】菜单项，如图 12-46 所示。

第 2 步 弹出【插入超链接】对话框，**1.** 单击【本文档中的位置】按钮，**2.** 选择【幻灯片 2】选项，**3.** 单击【确定】按钮，如图 12-47 所示。

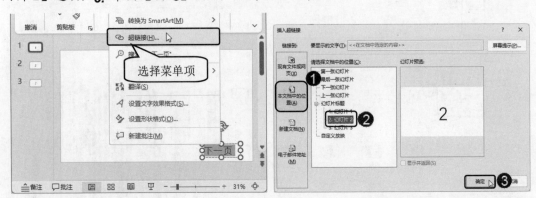

图 12-46   图 12-47

第 3 步 返回演示文稿，将鼠标指针移至文本附近会弹出提示框，如图 12-48 所示。通过以上步骤即可完成添加和编辑超链接的操作。

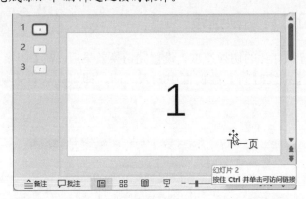

图 12-48

12.5.4 插入动作按钮

用户还可以在幻灯片中插入动作按钮，下面介绍其操作方法。

第 1 步 选择第 1 张幻灯片，**1.** 切换到【插入】选项卡，**2.** 单击【形状】下拉按钮，**3.** 在弹出的形状库中选择一种动作按钮，如图 12-49 所示。

第 2 步 单击并拖动鼠标绘制动作按钮，如图 12-50 所示。

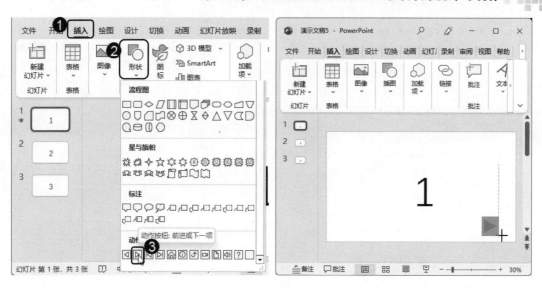

图 12-49　　　　　　　　　　　　　　图 12-50

第3步　释放鼠标，弹出【操作设置】对话框，**1.** 在【超链接到】下拉列表框中选择【下一张幻灯片】选项，**2.** 选中【播放声音】复选框，**3.** 选择【单击】选项，**4.** 单击【确定】按钮，如图 12-51 所示。

第4步　通过以上步骤即可完成添加动作按钮的操作，如图 12-52 所示。

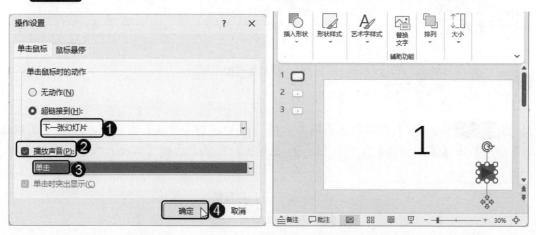

图 12-51　　　　　　　　　　　　　　图 12-52

12.5.5　添加和设置动画效果

为幻灯片添加动画效果的方法非常简单，下面详细介绍其操作方法。

第1步　选中第 1 张幻灯片中的文本框，**1.** 切换到【动画】选项卡，**2.** 在【高级动画】组中单击【添加动画】下拉按钮，**3.** 在弹出的动画库中选择一种动画，如图 12-53 所示。

第2步　可以看到文本框左侧出现一个数字 1，表示该文本框含有动画效果，在【计时】组中设置动画的【持续时间】为 2 秒，如图 12-54 所示。通过以上步骤即可完成添加和设置动画效果的操作。

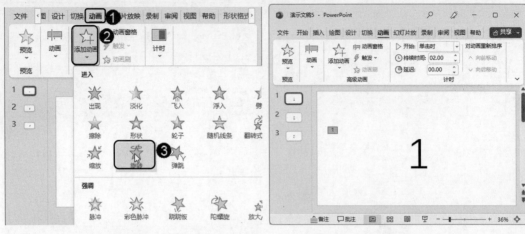

图 12-53   图 12-54

12.5.6　课堂范例——使用动作路径制作动画

　　动作路径用于自定义动画运动的路线及方向,使用动作路径的方法非常简单,下面详细介绍其操作方法。

◄◄ 扫码看视频(本节视频课程时间: 22 秒)

　素材保存路径: 配套素材\素材文件\第 12 章

素材文件名称: 12.5.6.pptx

　　第 1 步 选中第 1 张幻灯片中的文本框, **1.** 切换到【动画】选项卡, **2.** 在【高级动画】组中单击【添加动画】下拉按钮, **3.** 在弹出的菜单中选择【其他动作路径】菜单项,如图 12-55 所示。

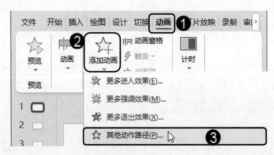

图 12-55

　　第 2 步 弹出【添加动作路径】对话框, **1.** 选择【橄榄球形】选项, **2.** 单击【确定】按钮,如图 12-56 所示。

　　第 3 步 可以看到文本框内增加了一个橄榄球形状,单击【预览】按钮可以查看动作路径,如图 12-57 所示。通过上述步骤即可完成使用动作路径制作动画的操作。

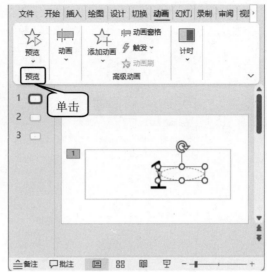

图 12-56　　　　　　　　　　　　　图 12-57

12.6　放映幻灯片

完成演示文稿内容的编辑后，就可以将其放映出来供观众欣赏了。为了能够达到良好的效果，在放映前还需要在电脑中对演示文稿进行一些设置，本节将介绍设置演示文稿放映的相关知识。

12.6.1　设置幻灯片的放映方式

PowerPoint 2021 为用户提供了演讲中放映、观众自行浏览放映和在展台浏览放映三种放映类型，用户可以根据具体情境自行设定幻灯片的放映类型。下面介绍设置放映方式的操作方法。

第 1 步 打开演示文稿，**1.** 切换到【幻灯片放映】选项卡，**2.** 单击【设置】下拉按钮，**3.** 单击【设置幻灯片放映】按钮，如图 12-58 所示。

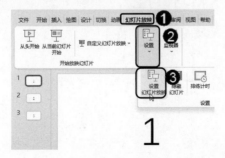

图 12-58

第 2 步 弹出【设置放映方式】对话框，**1.** 选中【在展台浏览(全屏幕)】单选按钮，

2. 单击【确定】按钮即可完成设置操作，如图 12-59 所示。

图 12-59

12.6.2　隐藏不放映的幻灯片

用户还可以将当前幻灯片进行隐藏。下面介绍隐藏不放映的幻灯片的方法。

第 1 步　选择第 1 张幻灯片，**1.** 切换到【幻灯片放映】选项卡，**2.** 单击【设置】下拉按钮，**3.** 单击【隐藏幻灯片】按钮，如图 12-60 所示。

第 2 步　可以看到在大纲区第 1 张幻灯片的缩略图被划掉，如图 12-61 所示。通过以上步骤即可完成隐藏不放映的幻灯片的操作。

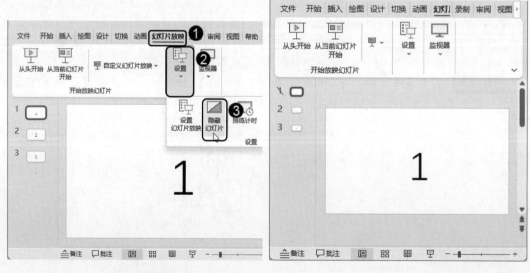

图 12-60　　　　　　　　　　　　　　　　图 12-61

12.6.3　课堂范例——放映幻灯片

幻灯片设置完成后，就可以开始放映幻灯片了，下面详细介绍放映幻灯片的操作方法。

◀◀ 扫码看视频(本节视频课程时间：14 秒)

 素材保存路径：配套素材\素材文件\第 12 章
素材文件名称：12.6.3.pptx

第1步 打开演示文稿，*1.* 切换到【幻灯片放映】选项卡，*2.* 在【开始放映幻灯片】组中单击【从头开始】按钮，如图 12-62 所示。

第2步 进入幻灯片放映模式，演示文稿从第 1 张幻灯片开始放映，如图 12-63 所示。通过以上步骤即可完成放映幻灯片的操作。

图 12-62　　　　　　　　　　　　　　　图 12-63

12.7　实践案例与上机指导

通过本章的学习，读者基本可以掌握 PowerPoint 2021 幻灯片设计与制作的基础知识以及一些常规的操作方法，下面将通过练习操作，来帮助读者达到巩固学习、拓展提高的目的。

12.7.1　保护幻灯片

当用户不希望他人随意查看或更改演示文稿时，可以对演示文稿设置访问密码，以确保演示文稿安全。

◀◀ 扫码看视频(本节视频课程时间：25 秒)

第1步 打开准备加密的演示文稿，切换到【文件】选项卡，如图 12-64 所示。

第2步 进入 Backstage 视图，**1.** 选择【信息】菜单项，**2.** 单击【保护演示文稿】下拉按钮，**3.** 在弹出的菜单中选择【用密码进行加密】菜单项，如图 12-65 所示。

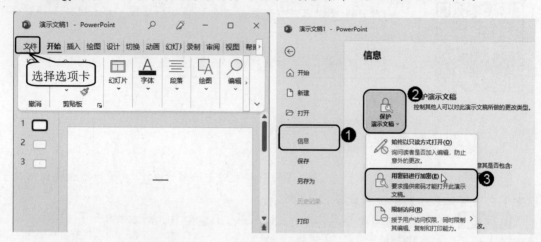

图 12-64   图 12-65

第3步 弹出【加密文档】对话框，**1.** 在【密码】文本框中输入密码，**2.** 单击【确定】按钮，如图 12-66 所示。

第4步 弹出【确认密码】对话框，**1.** 在【重新输入密码】文本框中再次输入密码，**2.** 单击【确定】按钮即可完成操作，如图 12-67 所示。

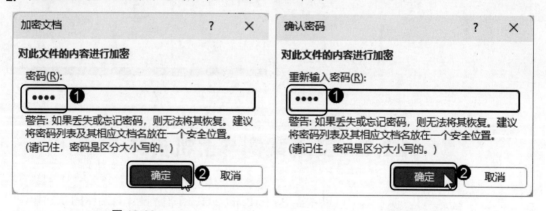

图 12-66   图 12-67

12.7.2 添加墨迹注释

放映演示文稿时，如果需要对幻灯片进行讲解或标注，可以直接在幻灯片中添加墨迹注释，下面介绍添加墨迹注释的操作方法。

◀◀ 扫码看视频(本节视频课程时间：40 秒)

素材保存路径：配套素材\素材文件\第 12 章

素材文件名称：12.7.2.pptx

第1步　打开素材演示文稿，**1.** 选择第 4 张幻灯片的缩略图，**2.** 切换到【幻灯片放映】选项卡，**3.** 在【开始放映幻灯片】组中单击【从当前幻灯片开始】按钮，如图 12-68 所示。

第2步　全屏放映演示文稿，**1.** 在幻灯片放映页面左下角单击【指针工具】图标，**2.** 在弹出的菜单中选择【荧光笔】菜单项，如图 12-69 所示。

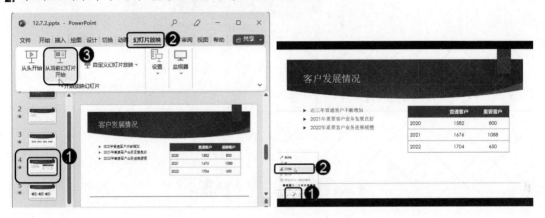

图 12-68　　　　　　　　　　　　　　　　　图 12-69

第3步　将鼠标指针移动到幻灯片中，单击并拖动鼠标勾画出需要强调的内容，如图 12-70 所示。

图 12-70

第4步　按 Esc 键退出全屏状态，弹出 Microsoft PowerPoint 对话框，单击【保留】按钮，如图 12-71 所示。

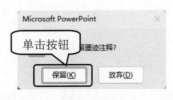

图 12-71

第5步 返回到普通视图中，可以看到注释已经被保留，如图 12-72 所示。

图 12-72

12.8 思考与练习

一、填空题

1. PowerPoint 2021 是制作和演示幻灯片的办公软件，能够制作出集_____、图像、_____以及视频剪辑等多媒体元素于一体的演示文稿。

2. 在 PowerPoint 2021 中有 3 种母版：幻灯片母版、_____和_____。

二、判断题

1. 使用幻灯片母版视图，用户可以根据需要设置演示文稿样式，包括项目符号和字体的类型和大小、占位符的大小和位置、背景设计和填充、配色方案以及幻灯片母版和可选的标题母版。   （　）

2. 用户可以设置幻灯片的切换速度，设置完切换效果后，在【切换】选项卡中单击【计时】下拉按钮，在【持续时间】文本框中输入时间，即可完成设置切换速度的操作。（　）

三、思考题

1. 如何在 PowerPoint 2021 中插入表格？

2. 如何在 PowerPoint 2021 中放映幻灯片？

新起点
电脑教程

第13章

上网浏览与搜索信息

本章要点

- 使用 Microsoft Edge 上网
- 收藏与保存网页
- 网上购物

本章主要内容

　　本章主要介绍使用 Microsoft Edge 上网和收藏与保存网页方面的知识与技巧，同时还讲解如何进行网上购物，在本章的最后针对实际工作需求，讲解网上购买火车票和使用 Microsoft Edge 朗读功能的方法。通过本章的学习，读者可以掌握上网浏览与搜索信息方面的知识，为深入学习 Windows 11 和 Office 2021 知识奠定基础。

13.1 使用 Microsoft Edge 上网

2015 年 4 月 30 日，微软在旧金山举行的 Build 2015 开发者大会上宣布，其最新操作系统——Windows 10 内置代号为"Project Spartan"的新浏览器被正式命名为"Microsoft Edge"，该浏览器内置于 Windows 10 系统中，并在 Windows 11 系统中继续沿用。

13.1.1 输入网址浏览网页

在浏览器的地址栏中输入网址，是打开网页浏览网络信息最常用的方法，下面介绍其操作方法。

第 1 步 在 Microsoft Edge 浏览器的地址栏中输入网站地址，在弹出的下拉列表中选择准备打开的网址，如图 13-1 所示。

图 13-1

第 2 步 这样即可完成使用地址栏输入网址浏览网页的操作，如图 13-2 所示。

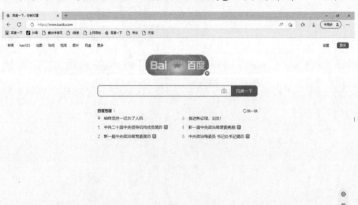

图 13-2

13.1.2　设置主页

用户可以根据需求设置启动 Microsoft Edge 后显示的主页，设置主页的方法非常简单，下面详细介绍其操作方法。

第1步　启动 Microsoft Edge，*1.* 单击【设置及其他】按钮…，*2.* 选择【设置】菜单项，如图 13-3 所示。

图 13-3

第2步　打开【设置】页面，*1.* 选择【开始、主页和新建标签页】选项，*2.* 在【Microsoft Edge 启动时】区域中选中【打开以下页面】单选按钮，*3.* 单击【添加新页面】按钮，如图 13-4 所示。

第3步　弹出【添加新页面】对话框，*1.* 输入网址，*2.* 单击【添加】按钮，如图 13-5 所示。

图 13-4　　　　　　　　　　　　　　　　图 13-5

第4步　可以看到页面已经添加完成，*1.* 在【"开始"按钮】区域中，将【在工具栏上显示"首页"按钮】的开关设置为【开】，*2.* 在文本框中输入网址，*3.* 单击【保存】按钮，如图 13-6 所示。

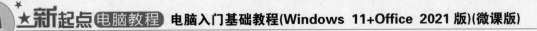

第5步 工具栏中会显示【主页】按钮,单击即可转向设置的首页,如图 13-7 所示。

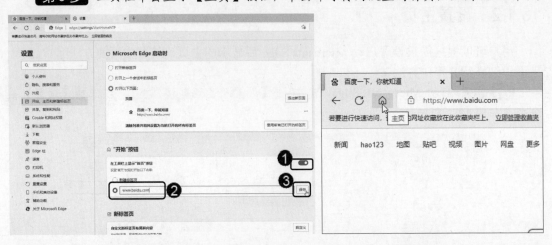

图 13-6   图 13-7

13.1.3 设置地址栏的搜索引擎

在 Microsoft Edge 地址栏中可以输入网址并访问,也可以输入要搜索的关键词或其他内容进行搜索。其默认搜索引擎为必应,另外,也提供其他搜索引擎,用户可以根据需要对其进行修改。

第1步 启动 Microsoft Edge,1. 单击【设置及其他】按钮…,2. 选择【设置】菜单项,如图 13-8 所示。

图 13-8

第2步 打开【设置】页面,1. 选择【隐私、搜索和服务】选项,2. 选择【服务】区域下的【地址栏和搜索】选项,如图 13-9 所示。

第3步 1. 单击【在地址栏中使用搜索引擎】右侧的下拉按钮,2. 在弹出的下拉列表中选择【百度】选项即可完成设置，如图 13-10 所示。

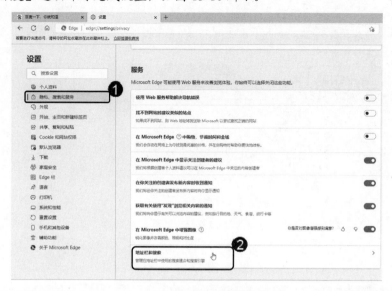

图 13-9

图 13-10

13.1.4　使用 hao123 导航浏览

hao123 是一个导航网站，为百度旗下的核心产品。hao123 是一个及时收录包括音乐、视频、小说、娱乐交流、游戏等热门分类的网站，与搜索引擎结合，为中国互联网用户提供最简单便捷的网上导航服务。

第 1 步　启动 Microsoft Edge，打开 13.1.2 小节设置的主页百度网址，单击左上角的 hao123 链接，如图 13-11 所示。

第 2 步　打开 hao123 导航网页，用户可以在其中搜索任何需要的内容，如图 13-12

所示。

图 13-11

图 13-12

13.1.5 课堂范例——无痕浏览

Microsoft Edge 支持 InPrivate 浏览，用户在使用该功能时，在浏览完关闭 InPrivate 标签页后，会删除浏览的数据，不留任何痕迹，这些数据包括 Cookie、历史记录、临时文件、表单数据及用户名和密码等。

◄◄ 扫码看视频(本节视频课程时间：14 秒)

第1步 启动 Microsoft Edge，**1.** 单击【设置及其他】按钮 …，**2.** 选择【新建 InPrivate 窗口】菜单项，如图 13-13 所示。

第2步 此时即可启用 InPrivate 浏览，打开一个新的浏览窗口，在该窗口中浏览任何网页都不会留下记录，如图 13-14 所示。

图 13-13

图 13-14

13.2　收藏与保存网页

在浏览网页信息时，如果看到对自己有用的信息可以通过浏览器的收藏夹功能将网页收藏起来，这样可以方便以后浏览。下面介绍收藏夹的使用方法。

13.2.1　收藏与打开网页

将喜欢的网页添加至收藏夹并打开的方法非常简单，下面详细介绍使用收藏夹收藏网页并打开的操作步骤。

第 1 步　在 Microsoft Edge 浏览器中打开网页，*1.* 单击【添加到收藏夹或阅读列表】按钮，*2.* 在弹出的菜单中单击【保存】按钮，如图 13-15 所示。

第2步 可以看到当前网页已经添加至收藏夹中，单击该网页名称，如图 13-16 所示。

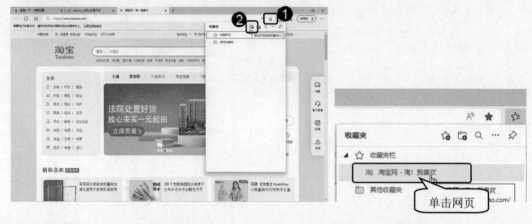

图 13-15   图 13-16

第3步 这样无须输入网址即可打开该网页，如图 13-17 所示。

图 13-17

13.2.2 保存网页中的文本和图片

用户可以将网页中的文本和图片进行保存，保存网页中文本和图片的方法非常简单，下面介绍其操作方法。

第1步 在浏览器中打开网页，鼠标右键单击选中的文本内容，在弹出的快捷菜单中选择【复制】菜单项，如图 13-18 所示。

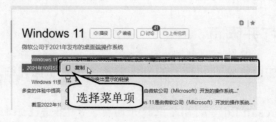

图 13-18

第2步 打开电脑中的 Word 2021 程序，新建一个空白文档，鼠标右键单击文档，在弹出的快捷菜单中单击【粘贴选项】下的【粘贴】按钮，如图 13-19 所示。

第3步 可以看到文本已经粘贴到 Word 文档中，按 Ctrl+S 组合键保存文档即可完成保存网页中文本的操作，如图 13-20 所示。

图 13-19

图 13-20

第4步 在浏览器中打开网页，鼠标右键单击图片，在弹出的快捷菜单中选择【将图像另存为】菜单项，如图 13-21 所示。

第5步 弹出【另存为】对话框，*1.* 选择图像保存位置，*2.* 在【文件名】下拉列表框中输入名称，*3.* 单击【保存】按钮，如图 13-22 所示。

图 13-21　　　　　　　　　　　　　图 13-22

13.2.3　课堂范例——删除上网记录

　　如果用户不希望他人在使用电脑时查看自己的上网记录，可以在浏览网页后将上网记录删除。下面详细介绍删除浏览器中上网记录的操作方法。

◀◀ 扫码看视频(本节视频课程时间：25 秒)

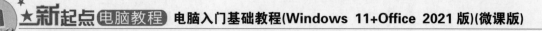

第1步 启动 Microsoft Edge 浏览器，**1.** 单击【设置及其他】按钮…，**2.** 选择【历史记录】菜单项，如图 13-23 所示。

第2步 弹出【历史记录】列表，**1.** 单击【其他选项】按钮…，**2.** 选择【清除浏览数据】菜单项，如图 13-24 所示。

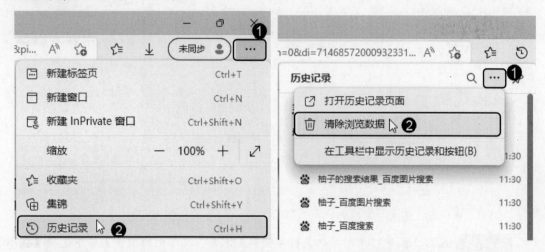

图 13-23   图 13-24

第3步 弹出【清除浏览数据】对话框，**1.** 选中准备清除的数据复选框，**2.** 单击【立即清除】按钮即可完成删除上网记录的操作，如图 13-25 所示。

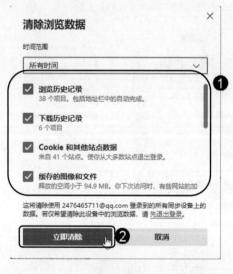

图 13-25

13.3 网上购物

网上购物指的是通过互联网媒介用数字化信息完成购物交易的过程。网上购物的诸多地方不同于传统购物方式，包括挑选物品、主体身份、支付、验货等。

13.3.1　网上购物流程

在网上购物，用户只要掌握了它的流程，就可以快速完成。不管在哪个购物平台进行网上购物，其操作流程基本一致，如图 13-26 所示。

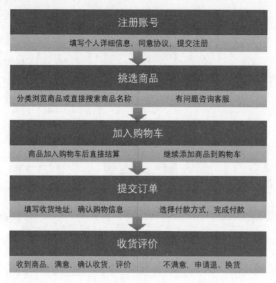

图 13-26

13.3.2　在淘宝网购物

淘宝网是深受中国网民欢迎的网购零售平台，拥有数亿的注册用户，下面以在淘宝网购物为例，来介绍网上购物的步骤。

第 1 步　打开淘宝网网页，登录账号，*1.* 在搜索框中输入想要购买的产品名称，*2.* 单击【搜索】按钮，如图 13-27 所示。

图 13-27

第2步 弹出搜索结果页面，单击商品，如图 13-28 所示。

图 13-28

第3步 进入商品详情页面，**1.** 选择商品类型，**2.** 选择购买数量，**3.** 单击【立即购买】按钮，如图 13-29 所示。

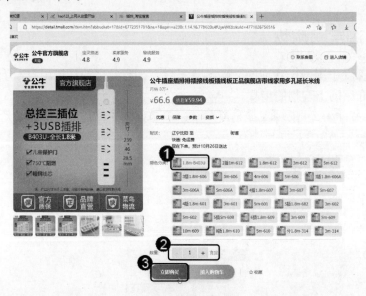

图 13-29

第4步 进入订单提交界面，确认商品信息、地址、收件人和电话号码无误后单击【提交订单】按钮，如图 13-30 所示。

第5步 进入付款界面，**1.** 选择付款方式，**2.** 输入支付密码，**3.** 单击【确定】按钮即可完成网上购物的操作，如图 13-31 所示。

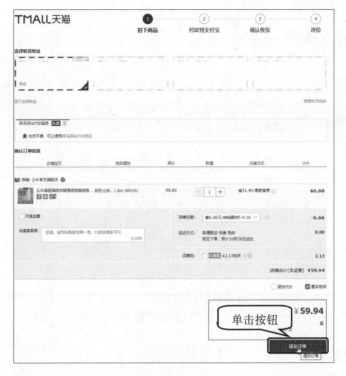

图 13-30

图 13-31

13.4　实践案例与上机指导

通过本章的学习，读者基本可以掌握使用 Windows 11 自带的 Microsoft Edge 浏览器上网搜索和浏览信息、网上购物的基础知识以及一些常规的操作方法，下面将通过练习操作，来帮助读者达到巩固学习、拓展提高的目的。

13.4.1　在网上购买火车票

用户可以根据行程在网上购买火车票,这样可以减少排队购票的时间,下面将详细介绍使用 Windows 11 自带的 Microsoft Edge 浏览器购买火车票的方法。

◀◀ 扫码看视频(本节视频课程时间:44 秒)

第 1 步　进入中国铁路 12306 网站,单击网页右上角的【登录】超链接,如图 13-32 所示。

图 13-32

第 2 步　进入登录页面,**1.** 选择【账号登录】选项,**2.** 输入账号和密码,**3.** 单击【立即登录】按钮,如图 13-33 所示。

图 13-33

第 3 步　进入网站首页，**1.** 选择出发地、到达地和出发日期，**2.** 单击【查询】按钮，如图 13-34 所示。

图 13-34

第 4 步　网站会显示相关车次的信息，选择要购买的车次，单击【预订】按钮，如图 13-35 所示。

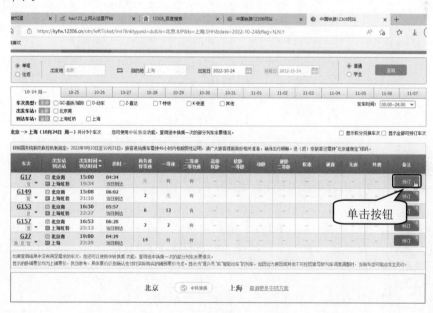

图 13-35

第 5 步　选择乘车人和席别，单击【提交订单】按钮，如图 13-36 所示。

第 6 步　弹出【请核对以下信息】对话框，确认信息无误后单击【确认】按钮，如图 13-37 所示。

第 7 步　进入【订单信息】页面，确定无误后单击【网上支付】按钮即可，如图 13-38 所示。

图 13-36   图 13-37

图 13-38

13.4.2　使用 Microsoft Edge 的朗读功能

　　Microsoft Edge 自带朗读功能，在不方便浏览网页的时候，用户可以戴上耳机使用该功能。下面详细介绍使用 Microsoft Edge 朗读功能的方法。

◀◀ 扫码看视频(本节视频课程时间：23 秒)

第1步 启动 Microsoft Edge，**1.** 单击【设置及其他】按钮 ⋯，**2.** 选择【大声朗读】菜单项，如图 13-39 所示。

第2步 网页上方出现朗读工具栏，Microsoft Edge 自动开始朗读页面，正在被朗读的网页中的文本以黄色显示，若要暂停朗读，单击【暂停大声朗读】按钮 ⑪ 即可，如图 13-40 所示。

图 13-39

图 13-40

第 3 步　在朗读工具栏的右侧单击【语音选项】按钮，在弹出的列表中可以设置朗读的速度、朗读语音的类型，如图 13-41 所示。

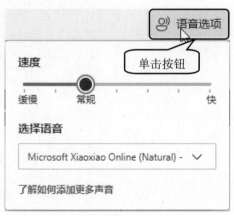

图 13-41

13.5　思考与练习

一、填空题

1. 在 Microsoft Edge 地址栏中可以输入网址并访问，也可以输入要搜索的＿＿＿＿＿＿＿＿或其他内容进行搜索，其默认搜索引擎为＿＿＿＿＿＿＿＿，另外，也提供其他搜索引擎，用户可以根据需要对其进行修改。

2. hao123 是一个＿＿＿＿＿＿＿＿，为＿＿＿＿＿＿＿＿旗下的核心产品。hao123 是一个及时收录包括音乐、视频、小说、娱乐交流、游戏等热门分类的网站，与搜索引擎结合，为中国互联网用户提供最简单便捷的网上导航服务。

二、判断题

1. 通过浏览器的地址栏输入网址，不是打开网页浏览网络信息最常用的方法。（　　　）

2. Microsoft Edge 支持 InPrivate 浏览，用户在使用该功能时，在浏览完关闭 InPrivate 标签页后，会删除浏览的数据，不留任何痕迹，这些数据包括 Cookie、历史记录、临时文件、表单数据及用户名和密码等。（　　　）

三、思考题

1. 如何使用 Microsoft Edge 设置地址栏的搜索引擎？

2. 如何删除使用 Microsoft Edge 的上网记录？

新起点
电脑教程

第14章

网上社交和通信

本章要点

- 用 QQ 聊天
- 使用网上社交软件
- 收、发电子邮件

本章主要内容

　　本章主要介绍用 QQ 聊天和使用网上社交软件方面的知识与技巧，同时还讲解如何收、发电子邮件，在本章的最后针对实际工作需求，讲解一键锁定 QQ 和备份 QQ 消息记录的方法。通过本章的学习，读者可以掌握网上社交和通信方面的知识，为深入学习 Windows 11 和 Office 2021 知识奠定基础。

14.1 用 QQ 聊天

QQ 是腾讯公司开发的一款基于 Internet 的即时通信软件。腾讯 QQ 支持在线聊天、视频通话、点对点断点续传文件、共享文件、网络硬盘、自定义面板、QQ 邮箱等多种功能，并可与多种通信终端相连。本节将详细介绍使用 QQ 聊天的方法。

14.1.1 登录 QQ 和添加好友

申请并获得 QQ 账号后，使用此账号即可登录 QQ 聊天软件，下面将详细介绍登录 QQ 的操作方法。

第 1 步 在桌面中双击【腾讯 QQ】快捷方式图标，如图 14-1 所示。

第 2 步 弹出 QQ 对话框，**1.** 在【账号】文本框中输入 QQ 号码，**2.** 在【密码】文本框中输入 QQ 密码，**3.** 单击【登录】按钮，如图 14-2 所示。

图 14-1

图 14-2

第 3 步 通过以上步骤即可完成登录操作，单击下方的【加好友】按钮 ，如图 14-3 所示。

第 4 步 弹出【查找】对话框，**1.** 在查找文本框中输入好友的 QQ 号码，**2.** 单击【查找】按钮，在下方可以显示查找到的 QQ 账号，**3.** 单击【添加好友】按钮 ，如图 14-4 所示。

图 14-3

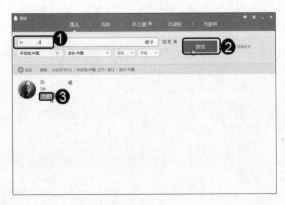

图 14-4

第 5 步　弹出【添加好友】对话框，单击【下一步】按钮，如图 14-5 所示。

第 6 步　进入设置备注和分组界面，*1.* 在【分组】下拉列表框中选择【我的好友】选项，*2.* 单击【下一步】按钮，如图 14-6 所示。

图 14-5

图 14-6

第 7 步　界面提示"你的好友添加请求已发送成功，正在等待对方确认"，单击【完成】按钮即可完成登录 QQ 并添加好友的操作，如图 14-7 所示。

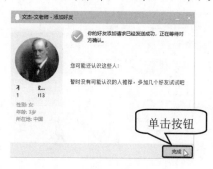

图 14-7

14.1.2　使用 QQ 与好友聊天

QQ 作为一款即时通信社交软件，其最主要的功能就是与好友进行聊天，聊天可以分为纯文字聊天、语音聊天和视频聊天，下面介绍与好友使用 QQ 进行聊天的方法。

第 1 步　打开 QQ 程序的主界面，双击准备进行聊天的 QQ 好友头像，如图 14-8 所示。

图 14-8

第2步 打开与该好友的聊天窗口，在【发送信息】文本框中通过一种输入法输入文本信息，*1.* 单击【选择表情】按钮 😊，*2.* 在弹出的表情库中选择一个表情，如图 14-9 所示。

第3步 单击下方的【发送】按钮，如图 14-10 所示。

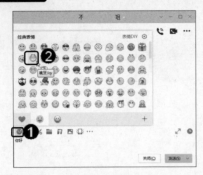

图 14-9

图 14-10

第4步 信息已经发送给好友，可以看到好友回复了一个表情，通过以上步骤即可完成与好友文字聊天的操作。

第5步 单击【发起语音通话】按钮 📞，如图 14-11 所示。弹出【语音】对话框，等待对方接受邀请，如图 14-12 所示。

图 14-11

图 14-12

第6步 对方同意语音聊天后，开始语音通话，若想结束语音聊天，单击【挂断】按钮即可，如图 14-13 所示。

图 14-13

第7步　在聊天界面中单击【发起视频通话】按钮 📹，如图 14-14 所示。

第8步　弹出视频通话对话框，系统提示"等待对方接受邀请"，如图 14-15 所示。

图 14-14　　　　　　　　　　　　　　图 14-15

第9步　对方同意视频聊天后，即可开始视频通话。若想结束视频聊天，单击【挂断】按钮即可，如图 14-16 所示。

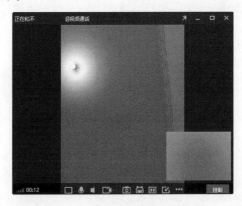

图 14-16

14.1.3　课堂范例——使用 QQ 传递文件

使用 QQ 还可以向好友发送图片和文件等资料，下面介绍向好友发送图片的方法。

◀◀ 扫码看视频(本节视频课程时间：20 秒)

第1步　打开与好友的聊天窗口，**1.** 单击【发送图片】按钮 🖼️，**2.** 在弹出的菜单中选择【发送本地图片】菜单项，如图 14-17 所示。

第2步　弹出【打开】对话框，**1.** 选择图片存储的位置，**2.** 选中准备发送的图片，**3.** 单击【打开】按钮，如图 14-18 所示。

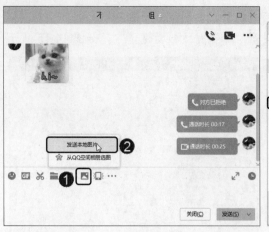 

图 14-17　　　　　　　　　　　　　　　　图 14-18

第3步 将图片发送至聊天窗口的【接收消息】文本框中，单击【发送】按钮，如图 14-19 所示。

第4步 通过以上步骤即可完成发送文件的操作，如图 14-20 所示。

图 14-19　　　　　　　　　　　　　　　　图 14-20

14.2　使用网上社交软件

社交软件的出现使得我们不需要出门，而在网络上就可以结识好友，获取外界的信息与知识，本节将介绍使用比较主流的社交软件(如新浪微博、微信)的方法。

14.2.1　发布新浪微博

用户开通新浪微博之后，就可以在微博中发表微博言论了。下面详细介绍在新浪微博中发布自己微博的操作方法。

第1步 在浏览器中打开微博登录页面，*1.* 在【账号】文本框中输入账号，*2.* 在【密码】文本框中输入密码，*3.* 单击【登录】按钮，如图 14-21 所示。

第2步 进入自己的新浪微博首页，*1.* 在"有什么新鲜事想告诉大家"文本框中输入内容，*2.* 单击【发送】按钮，如图 14-22 所示。

图 14-21　　　　　　　　　　　　　　　　图 14-22

第3步 可以看到刚刚发布的微博已经显示在首页中，如图 14-23 所示。通过以上步骤即可完成发布微博的操作。

图 14-23

14.2.2　转发与评论微博

用户可以对自己感兴趣的微博进行转发和评论，下面详细介绍转发和评论微博的操作方法。

第1步 *1.* 在准备转发的微博下面单击【转发】按钮，*2.* 在弹出的菜单中选择【转发】菜单项，如图 14-24 所示。

第2步 *1.* 在该微博下方的文本框中输入评论，*2.* 选中【同时评论】复选框，*3.* 单击【转发】按钮即可完成转发与评论微博的操作，如图 14-25 所示。

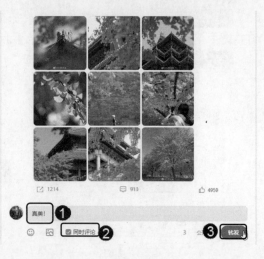

图 14-24 图 14-25

14.2.3 课堂范例——用电脑玩微信

微信的电脑版本，功能与手机版一样。在电脑上登录微信，用键盘打字更适合工作沟通，还可以传输一些较大的文件。微信电脑版是扫码登录，无须输入账号、密码，登录更加方便快捷。

◄◄ 扫码看视频(本节视频课程时间：10 秒)

第 1 步 在桌面中双击【微信】快捷方式图标，如图 14-26 所示。
第 2 步 弹出"请使用微信扫一扫以登录"二维码，使用手机微信进行扫描，如图 14-27 所示。

图 14-26

图 14-27

第 3 步 打开微信电脑版，如图 14-28 所示。通过以上步骤即可完成使用微信电脑版的操作。

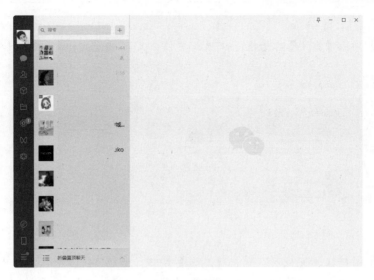

图 14-28

14.3　收、发电子邮件

电子邮件又称 E-mail，是一种使用电子手段提供信息交换的通信方式。在互联网中，使用电子邮件可以与世界各地的朋友进行通信交流。本节将介绍收、发电子邮件方面的知识。

14.3.1　登录 QQ 邮箱发送带附件的邮件

拥有 QQ 账号相当于直接免费拥有了一个邮箱，本节将介绍 QQ 邮箱的使用方法。

第 1 步　单击 QQ 主界面顶端的【QQ 邮箱】按钮，如图 14-29 所示。

第 2 步　系统将自动打开浏览器，进入 QQ 邮箱，单击【写信】按钮，如图 14-30 所示。

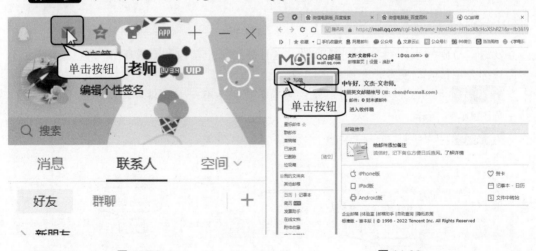

图 14-29　　　　　　　　　　　　　　图 14-30

第 3 步　进入写信界面，*1.* 在【收件人】文本框中输入邮箱地址，*2.* 单击【添加附件】按钮，如图 14-31 所示。

第 4 步 弹出【打开】对话框，**1.** 选择文件，**2.** 单击【打开】按钮，如图 14-32 所示。

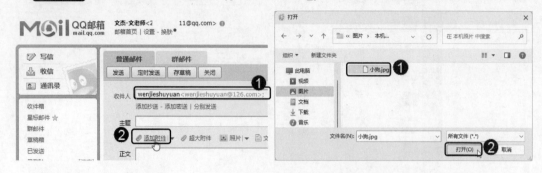

图 14-31　　　　　　　　　　　　　　　　图 14-32

第 5 步 附件上传完成后，单击【发送】按钮，如图 14-33 所示。

第 6 步 进入已发送界面，提示邮件发送成功，如图 14-34 所示。

图 14-33　　　　　　　　　　　　　　　　图 14-34

14.3.2　接收与回复电子邮件

发送电子邮件后，对方会回复邮件，这时需要用户接收和查看邮件内容并进行回复，下面详细介绍接收与回复电子邮件的方法。

第 1 步 打开 QQ 邮箱，可以看到邮箱首页提示有一封未读邮件，单击【收件箱】链接，如图 14-35 所示。

第 2 步 进入收件箱，单击邮件，如图 14-36 所示。

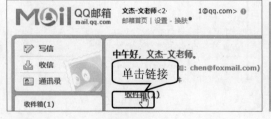

图 14-35

图 14-36

第3步 打开邮件，显示详细内容，单击【回复】按钮，如图 14-37 所示。

第4步 进入写信页面，在正文处输入回复内容，单击【发送】按钮，如图 14-38 所示。

图 14-37　　　　　　　　　　　　　　　图 14-38

第5步 进入已发送界面，提示邮件发送成功，如图 14-39 所示。

图 14-39

14.3.3　课堂范例——删除邮件

如果收件箱中的邮件太多，则不利于查找，用户可以将没有用的一些邮件删除。删除邮件的方法非常简单，下面详细介绍其操作方法。

◀◀ 扫码看视频(本节视频课程时间：12 秒)

第1步 打开 QQ 邮箱，单击【收件箱】按钮，如图 14-40 所示。

第2步 进入收件箱，选中准备删除的邮件的复选框，单击【删除】按钮，如图 14-41 所示。

图 14-40　　　　　　　　　　　　　　　图 14-41

第3步 可以看到邮件已经被删除，如图 14-42 所示。

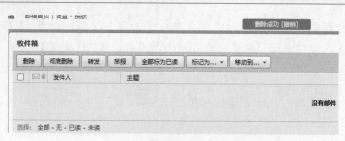

图 14-42

14.4 实践案例与上机指导

通过本章的学习，读者基本可以掌握一些常用的网上社交和通信软件的使用方法，下面将通过练习操作，来帮助读者达到巩固学习、拓展提高的目的。

14.4.1 一键锁定 QQ

离开电脑时，如果担心别人看到自己的 QQ 聊天信息，除了可以关闭 QQ 外，还可以将其锁定。锁定 QQ 的方法非常简单，下面介绍一键锁定 QQ 的方法。

◄◄ 扫码看视频(本节视频课程时间：35 秒)

第 1 步 *1.* 在 QQ 主界面中单击【主菜单】按钮，*2.* 选择【设置】菜单项，如图 14-43 所示。

第 2 步 打开【系统设置】对话框，*1.* 单击【安全设置】按钮，*2.* 选择【QQ 锁】菜单项，*3.* 选中【使用独立密码解锁 QQ 锁】单选按钮，*4.* 输入密码，设置完成后关闭对话框，如图 14-44 所示。

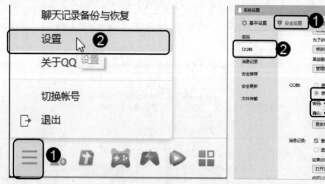

图 14-43　　　　　　　　　　　图 14-44

第 3 步 按 Ctrl+Alt+L 组合键，QQ 会进入锁定状态，如图 14-45 所示。

第 4 步 再次按 Ctrl+Alt+L 组合键，进入 QQ 的解锁界面，*1.* 输入密码，*2.* 单击【确定】按钮，如图 14-46 所示。

图 14-45　　　　　　　　　　　　　　　　图 14-46

第5步　可以看到 QQ 已经完成解锁，如图 14-47 所示。通过以上步骤即可完成设置一键锁定 QQ 的操作。

图 14-47

14.4.2　备份 QQ 消息记录

QQ 是最为常用的聊天工具之一，所以 QQ 消息记录是极为重要的数据，用户可以将其导入电脑中进行备份，这样可以在资料因软件卸载、系统重装等丢失时，重新将其恢复。

◀◀ 扫码看视频(本节视频课程时间：20 秒)

第1步　登录 QQ，1. 在 QQ 主界面中单击【主菜单】按钮，2. 在弹出的菜单中选择【消息管理】菜单项，如图 14-48 所示。

第2步　打开【消息管理器】对话框，1. 单击右上角的【工具】按钮，2. 选择【导出全部消息记录】菜单项，如图 14-49 所示。

图 14-48

图 14-49

第3步 打开【另存为】对话框，单击【保存】按钮即可完成操作，如图 14-50 所示。

图 14-50

14.5 思考与练习

一、填空题

1. 电子邮件又称_____，是一种使用电子手段提供信息交换的通信方式。

2. 腾讯 QQ 支持在线聊天、_____、点对点断点续传文件、_____、网络硬盘、_____、QQ 邮箱等多种功能，并可与多种通信终端相连。

二、判断题

1. QQ 只能与好友进行文字聊天，不支持语音和视频聊天。　　　　　　　　　　（　　　）

2. 用户在电子邮箱中只能发送邮件，不能接收邮件。　　　　　　　　　　　　（　　　）

三、思考题

1. 如何登录 QQ 和添加好友？

2. 如何发布新浪微博？

新起点
电脑教程

第15章

多媒体娱乐与常用工具软件

本章要点

- 使用 ACDSee 浏览电脑中的图片
- 听音乐和看视频

本章主要内容

本章主要介绍使用 ACDSee 浏览电脑中的图片和听音乐、看视频方面的知识与技巧，在本章的最后针对实际工作需求，讲解使用 ACDSee 批量重命名图片和对喜欢的歌曲进行评论并将其添加到"我喜欢"列表的方法。通过本章的学习，读者可以掌握多媒体娱乐和常用工具软件方面的知识，为深入学习 Windows 11 和 Office 2021 知识奠定基础。

15.1 使用 ACDSee 浏览电脑中的图片

ACDSee 图片浏览工具是使用最为广泛的看图工具软件之一。ACDSee 看图软件功能十分强大,不仅打开图像速度快,还支持 JPEG、ICO、PNG、XBM 等二十余种图像格式。本节将详细介绍图片浏览工具 ACDSee 的知识。

15.1.1 浏览图片

ACDSee 图片浏览工具拥有良好的操作界面、优质的快速图形解码方式以及强大的图形文件管理等功能,下面介绍使用 ACDSee 浏览图片的操作方法。

第1步 打开 ACDSee 程序,*1.* 单击【文件】菜单,*2.* 在弹出的菜单中选择【打开】菜单项,如图 15-1 所示。

第2步 弹出【打开文件】对话框,*1.* 选中准备打开的图片,*2.* 单击【打开】按钮,如图 15-2 所示。

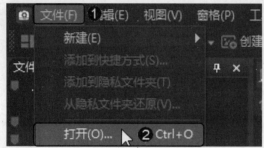

图 15-1

图 15-2

第3步 可以看到图片已经被打开,如图 15-3 所示。

图 15-3

15.1.2 转换图片格式

用户可以使用 ACDSee 转换图片的格式,下面详细介绍使用 ACDSee 转换图片格式的操作方法。

第 1 步　使用 ACDSee 程序打开图片，*1.* 单击【文件】菜单，*2.* 在弹出的菜单中选择【另存为】菜单项，如图 15-4 所示。

第 2 步　弹出【图像另存为】对话框，*1.* 在【保存类型】下拉列表框中选择一个文件类型，*2.* 单击【保存】按钮即可完成转换图片格式的操作，如图 15-5 所示。

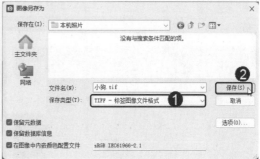

图 15-4　　　　　　　　　　　　　　　　　图 15-5

15.1.3　旋转图片

如果使用 ACDSee 打开的图片方向不对，用户可以对其进行旋转操作。

第 1 步　使用 ACDSee 程序打开图片，在界面左下方单击【向左旋转】按钮，如图 15-6 所示。

第 2 步　可以看到图片已经完成旋转，如图 15-7 所示。

图 15-6　　　　　　　　　　　　　　　　　图 15-7

15.1.4　课堂范例——裁剪图片

用户可以使用 ACDSee 对图片进行裁剪以符合自己的需求。下面详细介绍使用 ACDSee 对图片进行裁剪的操作方法。

◀◀ 扫码看视频(本节视频课程时间：15 秒)

素材保存路径: 配套素材\素材文件\第 15 章
素材文件名称: 小狗.jpg

第1步 使用 ACDSee 程序打开图片, **1.** 在界面右上方单击【编辑】按钮,进入编辑界面, **2.** 单击【裁剪】链接,如图 15-8 所示。

第2步 进入裁剪界面, **1.** 调整裁剪框的大小和位置, **2.** 单击【完成】按钮,如图 15-9 所示。

图 15-8

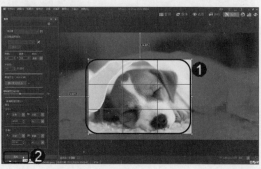
图 15-9

第3步 可以看到图片已经被裁剪,如图 15-10 所示。

图 15-10

15.2 听音乐和看视频

随着电脑及网络的普及,越来越多的人开始在电脑上听音乐和观看视频。本节将详细介绍使用 QQ 音乐听音乐和使用爱奇艺看视频的相关知识。

15.2.1 使用 QQ 音乐在线听音乐

QQ 音乐是隶属于腾讯音乐娱乐集团的音乐流媒体平台,也是目前比较主流的音乐软件之一,下面介绍使用 QQ 音乐在线听音乐的方法。

第1步 启动 QQ 音乐, **1.** 在搜索框中输入歌曲名称, **2.** 单击【搜索】按钮,如图 15-11

所示。

第 2 步　此时界面中会显示搜索到的全部歌曲，单击歌曲名称右侧的【播放】按钮，如图 15-12 所示。

图 15-11　　　　　　　　　　　　　　　　　　图 15-12

第 3 步　歌曲开始播放，在界面底部单击【展开歌曲详情页】按钮，如图 15-13 所示。

第 4 步　进入歌曲详情页，显示歌词，如图 15-14 所示。

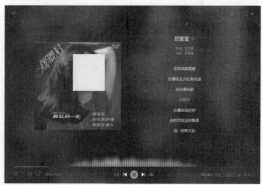

图 15-13　　　　　　　　　　　　　　　　　　图 15-14

15.2.2　在线看视频

用户可以使用浏览器打开视频播放网站的网页，单击想要观看的视频进行观看。

第 1 步　打开 Microsoft Edge 浏览器，*1.* 在地址栏中输入视频播放网站，如爱奇艺的网址，按 Enter 键，进入爱奇艺主页，*2.* 在搜索框中输入视频名称，*3.* 单击【搜索】按钮，如图 15-15 所示。

图 15-15

第2步 进入搜索结果页面，单击要观看的视频，如图 15-16 所示。

第3步 进入视频播放界面，视频开始播放，如图 15-17 所示。

图 15-16

图 15-17

15.2.3 课堂范例——下载视频

将视频下载到电脑中，可以随时观看。下载视频的方法有很多种，用户可以使用下载软件下载，也可以使用视频客户端离线下载，下面以腾讯视频客户端为例，讲解离线下载视频的方法。

◀◀ 扫码看视频(本节视频课程时间：29 秒)

第1步 启动腾讯视频软件，**1.** 在搜索框中输入视频名称，**2.** 单击【全网搜】按钮，如图 15-18 所示。

第2步 在搜索到的结果中单击要下载的视频名称，如图 15-19 所示。

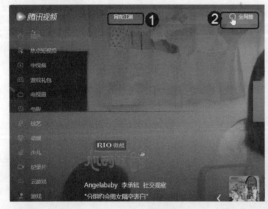

图 15-18

图 15-19

第3步 进入播放页面，单击【下载】按钮，如图 15-20 所示。

第4步 弹出【下载】对话框，**1.** 在【选择清晰度】区域选中【480p(标清)】单选按钮，**2.** 选中准备下载的视频名称，**3.** 单击【确定】按钮，如图 15-21 所示。

图 15-20　　　　　　　　　　　　　　图 15-21

第 5 步　弹出提示对话框，单击【查看列表】按钮，如图 15-22 所示。

第 6 步　进入下载列表页面，查看已下载的视频，如图 15-23 所示。

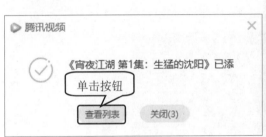

图 15-22　　　　　　　　　　　　　　图 15-23

15.3　实践案例与上机指导

通过本章的学习，读者基本可以掌握多媒体娱乐与常用工具软件的基础知识以及一些常规的操作方法，下面将通过练习操作，来帮助读者达到巩固学习、拓展提高的目的。

15.3.1　使用 ACDSee 批量重命名图片

使用 ACDSee 图片浏览工具，可以十分方便、快捷地对各种图形图像进行批量重命名。下面将详细介绍使用 ACDSee 对图片进行批量重命名的操作方法。

◀◀ 扫码看视频(本节视频课程时间：27 秒)

素材保存路径：配套素材\素材文件\第 15 章

素材文件名称：百合.jpg、鸡蛋花.jpg、玉兰.jpg

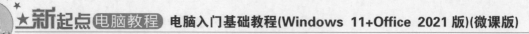

第1步 启动 ACDSee 软件，打开图片所在的文件夹，**1.** 选中批量重命名的图片，**2.** 单击【编辑】菜单，**3.** 在弹出的菜单中选择【重命名】菜单项，如图 15-24 所示。

第2步 弹出【重命名】对话框，**1.** 切换到【模板】设置界面，**2.** 在【模板】文本框中输入要更改的名字，**3.** 单击【重命名】按钮，如图 15-25 所示。

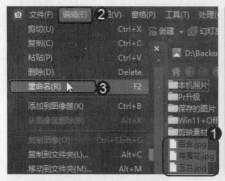

图 15-24

图 15-25

第3步 完成使用 ACDSee 批量重命名图片的操作，如图 15-26 所示。

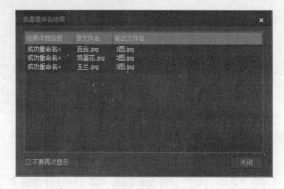

图 15-26

15.3.2 对喜欢的歌曲进行评论并添加到"我喜欢"列表

用户在 QQ 音乐上听到好听的歌曲时，可以即时留下评论，还可以将其添加到"我喜欢"列表中，以便快速地找到歌曲反复收听。下面介绍在 QQ 音乐中对喜欢的歌曲进行评论并添加到"我喜欢"列表的方法。

◄◄ 扫码看视频(本节视频课程时间：40 秒)

第1步 启动 QQ 音乐，**1.** 在搜索框中输入歌曲名称，**2.** 单击【搜索】按钮，如图 15-27 所示。

第2步 显示搜索到的全部歌曲，**1.** 单击歌曲名称右侧的【更多操作】按钮，**2.** 在弹出的菜单中选择【查看评论】菜单项，如图 15-28 所示。

图 15-27　　　　　　　　　　　　　　　　　图 15-28

第 3 步　进入评论界面，*1.* 在文本框中输入内容，*2.* 单击【发布】按钮即可完成评论，如图 15-29 所示。

第 4 步　播放歌曲，在底部的播放栏中单击【我喜欢】按钮♡，如图 15-30 所示。

图 15-29　　　　　　　　　　　　　　　　　图 15-30

第 5 步　可以看到该按钮变为红色，表示已经添加到"我喜欢"列表中，用户可以在左侧的"我喜欢"列表中查看，如图 15-31 所示。

图 15-31

15.4 思考与练习

一、填空题

1. ACDSee 看图软件的功能十分强大，不仅打开图像速度快，还支持_____、ICO、_____、XBM 等二十余种图像格式。

2. 下载视频的方法有很多种，用户可以使用_____下载，也可以使用视频客户端离线下载。

二、判断题

1. 用户不能使用 ACDSee 批量重命名图片。 ( )

2. 用户不能使用视频播放软件客户端下载视频。 ( )

三、思考题

1. 如何使用 ACDSee 浏览图片？

2. 如何在线观看视频？

第16章

系统维护与安全应用

本章要点

- 系统维护与硬盘优化
- 使用 360 安全卫士

本章主要内容

本章主要介绍系统维护与硬盘优化以及使用 360 安全卫士方面的知识与技巧，在本章的最后针对实际工作需求，讲解使用 360 安全卫士清理垃圾和使用 360 安全卫士优化加速电脑的方法。通过本章的学习，读者可以掌握系统维护与安全应用方面的知识，为深入学习 Windows 11 和 Office 2021 知识奠定基础。

16.1 系统维护与硬盘优化

用户通过更新 Windows 可以修补系统中存在的 Bug，同时也可以防止外部对系统的不法侵入与破坏。本节将介绍更新系统和整理磁盘碎片的知识。

16.1.1 更新系统

Windows 11 自带更新功能，使用 Windows 11 更新系统的方法非常简单，下面介绍其使用方法。

第 1 步 按 Win+I 组合键，打开【设置】窗口，**1.** 选择【Windows 更新】选项，**2.** 单击【检查更新】按钮，如图 16-1 所示。

第 2 步 当有可供安装的更新时，其会显示在可更新列表中并自动下载，如图 16-2 所示。

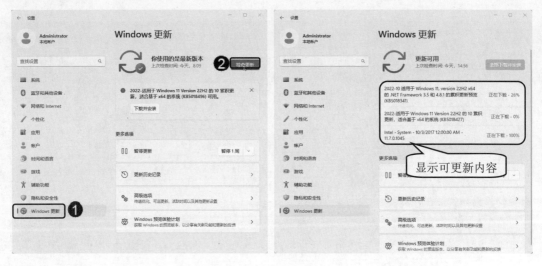

图 16-1   图 16-2

第 3 步 单击【立即重新启动】按钮即可完成更新系统的操作，如图 16-3 所示。

图 16-3

16.1.2　整理磁盘碎片

定期整理磁盘碎片可以保证文件的完整性，从而提高电脑读取文件的速度。下面详细介绍整理磁盘碎片的方法。

第 1 步　按 Win+I 组合键，打开【设置】窗口，**1.** 选择【系统】选项，**2.** 单击【存储】按钮，如图 16-4 所示。

第 2 步　进入【存储】界面，**1.** 展开【高级存储设置】选项，**2.** 选择【驱动器优化】选项，如图 16-5 所示。

图 16-4　　　　　　　　　　　　　　　　　　图 16-5

第 3 步　弹出【优化驱动器】对话框，**1.** 在【状态】列表框中选中准备整理的磁盘，**2.** 单击【优化】按钮，如图 16-6 所示。

第 4 步　碎片整理结束。通过以上步骤即可完成磁盘碎片整理的操作，如图 16-7 所示。

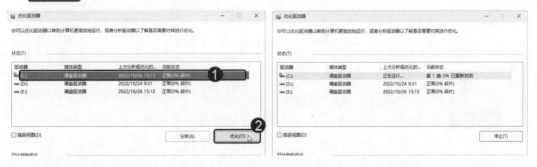

图 16-6　　　　　　　　　　　　　　　　　　图 16-7

16.1.3　课堂范例——对电脑存储进行清理

系统盘清理主要是清理临时文件及系统文件，Windows 11 可以根据用户需求，对临时文件、大型或未使用文件等进行全方位的清理，下面介绍清理电脑的方法。

◀◀ 扫码看视频(本节视频课程时间：25 秒)

第 1 步　按 Win+I 组合键，打开【设置】窗口，**1.** 选择【系统】选项，**2.** 单击【存

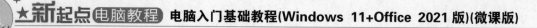

储】按钮，如图 16-8 所示。

第 2 步 进入【存储】界面，选择【清理建议】选项，如图 16-9 所示。

图 16-8   图 16-9

第 3 步 进入【清理建议】界面，*1.* 选中【回收站】复选框，*2.* 单击【清理】按钮，如图 16-10 所示。

第 4 步 弹出【清理选定内容】对话框，单击【继续】按钮，如图 16-11 所示。

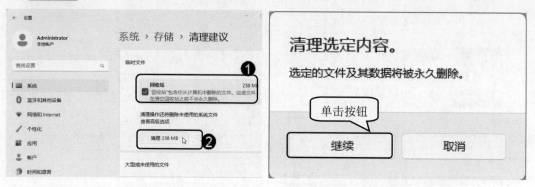

图 16-10   图 16-11

第 5 步 清理完成，系统会提示"没有建议清理的应用程序"，如图 16-12 所示。

图 16-12

16.2 使用 360 安全卫士

360 安全卫士是由奇虎 360 公司推出的安全杀毒软件，拥有查杀木马、清理插件、修复漏洞、电脑体检、保护隐私等多种功能，可以智能地拦截各类木马，保护用户的账号等重要信息。本节将介绍 360 安全卫士的相关操作方法。

16.2.1 电脑体检

在 360 安全卫士的首页，默认提供了电脑体检服务，用户只需单击首页上的【立即体检】按钮，即可立即启动系统体检。下面介绍电脑体检的操作方法。

第 1 步 启动 360 安全卫士软件，打开 360 安全卫士界面，单击【立即体检】按钮，如图 16-13 所示。

第 2 步 开始体检，用户需要等待一段时间，如图 16-14 所示。

图 16-13　　　　　　　　　　　　　　　　图 16-14

第 3 步 体检完成，显示"电脑很不安全，请立即修复"和体检分数，单击【一键修复】按钮，如图 16-15 所示。

第 4 步 修复完成，提示"修复完成，电脑很安全"，通过以上步骤即可完成电脑体检的操作，如图 16-16 所示。

图 16-15　　　　　　　　　　　　　　　　图 16-16

16.2.2 查杀电脑中的病毒

360 安全卫士中的木马查杀功能通过扫描木马、易感染区、系统设置、系统启动项、浏

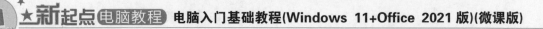

览器组件、系统登录和服务、文件和系统内存、常用软件、系统综合和系统修复项,来彻底地查杀修复电脑中的问题。下面将详细介绍木马查杀的操作方法。

第1步 启动 360 安全卫士软件,打开 360 安全卫士界面,单击【木马查杀】按钮,如图 16-17 所示。

第2步 进入木马查杀界面,单击【快速查杀】按钮,如图 16-18 所示。

图 16-17　　　　　　　　　　　　图 16-18

第3步 开始扫描,用户需要等待一段时间,扫描完成,提示未发现木马病毒,通过以上步骤即可完成查杀电脑中木马病毒的操作,如图 16-19 所示。

图 16-19

16.3　实践案例与上机指导

通过本章的学习,读者基本可以掌握系统维护与安全应用的基础知识以及一些常规的操作方法,下面将通过练习操作,来帮助读者达到巩固学习、拓展提高的目的。

16.3.1　使用 360 安全卫士清理垃圾

电脑使用久了会产生垃圾,需要用户定期进行清理,否则会拖慢电脑的运行速度,占用电脑内存。下面详细介绍使用 360 安全卫士清理垃圾的操作方法。

◀◀ 扫码看视频(本节视频课程时间:23 秒)

第1步 启动并运行 360 安全卫士程序,单击【电脑清理】按钮,如图 16-20 所示。

第2步 进入电脑清理界面，单击【清理垃圾】按钮，如图 16-21 所示。

图 16-20　　　　　　　　　　　　　　　　　图 16-21

第3步 开始扫描垃圾，用户需要等待一段时间，如图 16-22 所示。

第4步 扫描完成，提示"共发现 3.1GB 垃圾，已选中 779.8MB"，单击【一键清理】按钮，如图 16-23 所示。

图 16-22　　　　　　　　　　　　　　　　　图 16-23

第5步 清理完成，如图 16-24 所示。

图 16-24

16.3.2　使用 360 安全卫士优化加速电脑

用户可以使用 360 安全卫士的优化加速功能优化开机速度、系统速度、上网速度和硬盘读取速度，下面详细介绍使用 360 安全卫士优化加速电脑的操作方法。

◀◀ 扫码看视频(本节视频课程时间：22 秒)

第1步 启动 360 安全卫士软件，单击【优化加速】按钮，如图 16-25 所示。

第2步 进入优化加速界面，单击【一键加速】按钮，如图 16-26 所示。

图 16-25   图 16-26

第3步 扫描完成后单击【立即优化】按钮，如图 16-27 所示。
第4步 优化完成，如图 16-28 所示。

图 16-27   图 16-28

16.4 思考与练习

一、填空题

1. 用户通过＿＿＿＿＿＿修补系统中存在的 Bug，可以防止外部对系统的不法侵入与破坏。

2. 定期整理＿＿＿＿＿＿可以保证文件的完整性，从而提高电脑读取文件的速度。

二、判断题

1. Windows 11 自带更新功能。   （   ）
2. 系统盘清理主要是清理临时文件及系统文件。   （   ）

三、思考题

1. 如何对电脑存储进行清理？
2. 如何使用 360 安全卫士对电脑进行体检？